南方电网
智能配电技术与建设实践

中国南方电网有限责任公司　编著

中国电力出版社
CHINA ELECTRIC POWER PRESS

内 容 提 要

本书基于我国深入推进新型能源体系的背景，以数字化技术助推智能电网、数字电网、新型电力系统建设为切入点，重点阐述了南方电网在智能配电方面关键技术创新应用情况以及相关工程应用实践案例。

本书共分为八章，第一章介绍传统配电网发展模式、挑战；第二章介绍智能配电发展的背景；第三章介绍智能配电的内涵和体系；第四章介绍智能配电关键数字化技术；第五章介绍智能配电自动化技术；第六章介绍智能配电示范工程和典型应用；第七章介绍智能配电 V3.0 建设成效及成果；第八章介绍以世界一流为目标的现代化配电网发展趋势展望。

本书可作为电力相关从业者的参考用书。

图书在版编目（CIP）数据

南方电网智能配电技术与建设实践 / 中国南方电网有限责任公司编著. —北京：中国电力出版社，2022.12

ISBN 978-7-5198-7293-9

Ⅰ.①南…　Ⅱ.①中…　Ⅲ.①智能控制－配电系统－研究　Ⅳ.① TM727

中国版本图书馆 CIP 数据核字（2022）第 227917 号

出版发行：中国电力出版社

地　　　址：北京市东城区北京站西街 19 号（邮政编码 100005）

网　　　址：http://www.cepp.sgcc.com.cn

责任编辑：岳　璐　（010-63412339）

责任校对：黄　蓓　朱丽芳

装帧设计：张俊霞

责任印制：石　雷

印　　　刷：北京博海升彩色印刷有限公司

版　　　次：2022 年 12 月第一版

印　　　次：2022 年 12 月北京第一次印刷

开　　　本：787 毫米 × 1092 毫米　16 开本

印　　　张：16.75

字　　　数：295 千字

印　　　数：0001—2000 册

定　　　价：96.00 元

本书编写组

组　　　长	陈允鹏				
常务副组长	汤寿泉	李庆江	钟连宏	马　辉	
副　组　长	蔡希鹏	刘育权	叶煜明	陈　旭	王昌照
	尚　涛	张　虹	鲁万昆	杨兹波	陈　健
	张文瀚				
审　　　核	崔文俊	刘　昌	王俊刚	杨雄平	雷一勇
	孙　强	刘晓春	杨永昆	付万明	王文侦
	马　彬	周强辅	徐　健	赵继光	林　冬
编写成员	崔文俊	林　冬	韩利群	吴　旦	袁路路
	谢小瑜	李　凡	吴争荣	阳　浩	叶琳浩
	林显军	郭志诚	韩正谦	牟　宁	吕　征
	翁兴航	陈伟力	廖祥涛	李　学	孔祥飞
	汪　兴	龙秋风	曾树磊	陈克伟	肖俊阳
	罗金阁	朱元昊	何炬良	林俊宏	毛海鹏

当前，我国能源发展正面临着新的需求与挑战，能源的绿色低碳转型发展是实现碳达峰、碳中和战略目标的关键。新型电力系统通过数字化、智能化、自动化技术手段，提升电网感知能力，强化电力系统精细化监测及高效互动，显著提高系统运行的可靠性、灵活性和适应性，能满足海量新能源接入和多样互动用电需求，从而支撑实现能源结构转型升级。构建新型电力系统是实现能源绿色低碳转型的关键途径，也是服务碳达峰、碳中和目标，助力我国高质量发展的核心。

在传统配电网建设模式的基础上探索升级，利用新一代信息技术，加快推进配电网自动化、数字化、智能化建设，赋能新型电力系统是智能配电网建设的主要技术途径。建设一流的现代化配电网，是智能配电网的发展目标，也是构建新型电力系统的关键环节。

中国南方电网有限责任公司（简称"南方电网公司"）自 2016 年起，聚焦电网数字化、智能化开展顶层设计研究，相继印发了《南方电网智能电网发展规划研究报告》《智能电网发展规划 2018—2020 年实施行动计划》等指导文件。在 2019 年成立了全球第一家数字电网研究院，发布《数字化转型和数字南网建设行动方案》及全球首份《数字电网白皮书》，南网云、全域物联网、人工智能平台、数据中心等数字化技术平台投入运行。

同时，南方电网公司将智能配电网建设作为智能电网及数字化转型建设一系列工作重点，开展了强化城镇配电网、升级农村电网、配电网智能化建设、配电网自动化改造等一系列工作，建成了一批典型示范区，形成了一批重要成果。2019~2021 年，先后发布《南方电网标准设计与典型造价 V3.0（智能配电　第一卷～第七卷）》，内容涵盖智能配电站、智能开关站、配电自动化、中压架空线路／电缆线路、低压线路及配电网通信等，实现了南方电网智能配电建设的标准化、规范化、规模化。

本书依托南方电网在配电自动化、数字化、智能化方面的实践建设经验，从配电终端部署、通信方式优化迭代、云端基础平台以及智能配电应用系统等方面，介绍南方电网公司在智能配电方面关键技术应用情况以及相关工程应用实践案例。

本书共分为八章：

第一章总结了传统配电网的建设与运行特点，根据行业发展方向与配电网的新使命，分析了其存在的问题与挑战，对传统配电网发展方向进行简要概括。

第二章分析了新时代发展背景下，能源清洁低碳转型及电网高质量发展的需求，介绍了南方电网公司在电网数字化、智能化方面开展的顶层设计及规划研究工作，总结提炼了国外发展及研究情况；结合国内情况，重点针对智能配电，介绍了智能配电技术发展历程及现状，分享了国外典型案例。

第三章首先介绍了智能配电内涵与特征，其次概述了技术路线及发展框架体系，梳理了南方电网智能配电方案设计，最后对建设目标、作用和意义进行了总结。

第四章介绍了智能配电关键数字化技术，分别从配电物联智能传感、配电智能网关、配网通信技术、物联网一体化智能监测技术、系统应用及信息安全几个方面，分层分级介绍了关键技术，阐述了基于全域物联网数据实现的高级应用功能。

第五章介绍了智能配电网领域其他智能技术，包括配电自动化、网架优化、模块化等设计优化技术；提出了为适应新型电力系统建设，满足分布式能源接入的智能配电网技术，包括分布式电源并网监测与控制技术、智能微电网技术、电力数字孪生技术、安全态势感知技术、柔性直流配电技术等。

第六章介绍了智能配电的典型示范工程及案例。

第七章对智能配电的成果、成效作出了总结，对未来智能配电发展提出建议及设想。

第八章对以建设世界一流为目标的现代化配电网发展趋势进行了展望，基于构建新型电力系统的政策愿景，对未来配电网发展规划进行了分析展望。

附录整理了南方电网公司智能配电 V3.0 发布的相关标准、设备规范书、工作指引、验收标准及规范等，分享给各位读者。

由于编者水平有限，书中难免存在疏漏或不妥之处，恳请读者批评、指正。

本书编写组

2022 年 9 月

目　录

第一章

传统配电网发展模式、挑战

　　配电指电力系统中直接与用户相连并向用户分配电能的环节。配电网一般是从电源侧（输电网、发电设施、分布式电源等）接受电能，并通过配电设施就地或逐级分配给各类用户的电力网络。其中，35~110kV电网为高压配电网，10（20）kV电网为中压配电网，220/380V电网为低压配电网。配电设备种类多、数量大，需管理的基础资料多，线路接线方式复杂多变，设备的增改和检修频繁，管理任务繁重。

　　随着科技革新和社会发展，配电网的结构和功能也在不断发展，至今大致经过了传统配电网、自愈配电网、智能配电网三个重要建设阶段。其中，传统配电网建设主要集中在满足负荷需求和提升系统自动化等两方面。

第一节　传统配电网的建设与运行特点

一、配电网建设发展历程

配电网处于供电网络末端，直接为最终客户供应电能，直接关系到用户的供电可靠性及供电质量，保证配电网的稳定可靠运行是供电企业的重要任务。

配电网主要由配电线路、配电变压器、断路器、隔离开关等配电设备以及辅助设备组成，网架结构主要包括辐射状架空网、单环网、N供一备等多种典型接线模式，在实际电网中还存在一部分非典型接线。

配电网的发展一直以满足用户需求为目标。在初级发展阶段，配电网主要以满足负荷基本需求、实现用电负荷区域全覆盖为目标，侧重于配电网的一次网架建设，逐步形成了可满足基本负荷需求的粗放型电力供应平台；随着用户对电能质量与供电可靠性需求的不断提升，配电网进入精细化发展阶段，以实现全局性的用户高供电可靠性为目标，致力于对已有配电网的自动化和网架结构升级改造，使配电网逐渐发展成为电力供应的优质服务平台，其主要关注的问题有科学经济的配网规划，自适应地故障处理能力，迅速地故障反应，可靠地电力供给，出色的电能质量；经济可靠的设备管理，多样地用户交互。

传统配电网的数据采集及运维情况如下：

1. 数据采集及应用方面

依靠调度自动化开关、配网自动化终端、计量终端及配电房／台架监测终端、配电房动环监测终端实现对配电网的运行及环境状态的监测。通过 DTU/FTU、采集器、集中器等设备将采集数据分别上传到调度自动化系统、配网自动化系统、计量自动化主站。业务系统通过接口实现对采集数据的应用。

配电房、台架及低压线路的监测主要涉及计量自动化与配电房 / 台架监测系统，系统平台多、各自为政，终端多、通信通道差异、通信卡多且数据共享不足等情况，对低压透明化支撑不足。

2. 运维管理方面

中压设备运维基本上能够按照馈线或网格为单位，由配网运维班组定期人工巡视，并能应用调度自动化系统、配网自动化系统对主要设备进行监控。

低压设备运维由于点多面广、数量庞大，且智能电表在电气量采集频率、速率、数据项上难以支撑设备运维、拓扑校核、业扩报装、低压停电抢修的应用需求，目前还主要依靠有限的人力进行管理，很难及时发现事故隐患。

当前我国正处于经济社会发展转型升级的关键时期，城市化进程不断加快，电力体制改革逐步深化，对配电网供电可靠性、电能质量和精益化管理提出了更高要求，配电网受到社会各界的高度关注。"十三五"以来，配电自动化覆盖率不断提升，配电网网架不断完善优化，较为有效地提升了配电网运行可靠性，但随着分布式能源、充电桩等新能源、新负荷的大量接入，配电台区，尤其是低压配电网的监控运维问题日益突出，大部分台区的监测信息缺失，拓扑结构不准确，故障判别缺乏有效手段，新能源新负荷不能有效控制调节。

近年来，随着电网基建对配网的投资不断增加，过去"重发、轻供、不管用"的现象得到了大幅度的改善。配网供电可靠性、电压合格率等主要指标持续向好，配网技术发展水平和管理水平不断得到提升。随着全球能源供应向着清洁、低碳、电气化方向转型，智能电网蓝图下的新型配电网也承担起愈发重要的责任。受科技进步的推动作用与用户需求的拉动，配电网智能化的发展正逐渐加速。

在电源侧，分布式发电、电储能及综合能源等技术的应用促进了配电网能量来源的清洁化和多元化；在电网侧，一次电气网络中的电力电子应用、二次信息网络的全覆盖等因素大幅提升了配电网的可控性和可观性；在负荷侧，智能家居、电动汽车、综合能源等新型负荷终端大量出现，并将在市场环境下形成多利益主体参与的深度博弈，使配电网面临着更加复杂化、互动化的服务需求。在上述因素的共同影响与推动下，配电网迎来新一轮变革，正在向智能配电网的新形态过渡。

二、南方电网"十三五"期间配电网发展现状

南方电网营业区覆盖广东、广西、云南、贵州、海南五个省区、紧密联接港澳，并与周边国家和地区多点相连，供电面积 100.4 万 km^2。

"十三五"期间，国民经济持续平稳发展，结构调整和转型升级持续推进，发展质量不断提高。总体来看，南方电网全社会用电量增长率高于全国平均水平，占全国总电量的比重总体也呈上升趋势。

"十三五"期间，根据《配电网建设改造行动计划（2015—2020 年）》《国家发展改革委关于加快配电网建设改造的指导意见》等政策指导，结合配电网发展短板，南方电网在配电网网架、配电网自动化、配电网装备水平等方面开展重点建设，并在配电网柔性化技术、微电网、智能配电房等方面进行试点建设，在配电网智能化方面开展无人机巡检、智能配电房等技术的应用，并取得良好应用效果。

南方电网公司"十三五"期间全面推进配电规划建设，为构建以灵活可靠为关键特征的智能配电打下坚实基础：

在城乡配电网建设方面。"十三五"期间全口径客户平均停电时间较 2015 年大幅降低近五成；电压合格率较 2015 年提升 0.9 个百分点。中心城区和广州、深圳、中山、珠海、佛山、东莞、江门、南宁、昆明、贵阳 10 个主要城市城区客户平均停电时间低于 1h，珠海、中山、深圳等粤港澳大湾区地市供电可靠率排名全国前列。扎实推进新一轮农村电网改造升级建设攻坚，以省为单位提前一年实现国家新一轮农网改造升级"两户一率"目标。

配电自动化建设方面。截至 2020 年，全网配电自动化覆盖率达 90%，配电网通信覆盖率达 95%。广东中山建成双策略智能分布式配电自动化系统，配电网故障实现毫秒级复电。广东东莞配电网自动化主站系统上线运行，实现 1min 内故障定位，转供电操作缩短至 5min，大幅度缩短客户停电时间。佛山等部分发达地区逐步建设自愈配电网。

配电智能化建设方面。自主研制了具备边缘计算能力的配电智能网关，实现各类配电终端的融合化、统一化，实现配电房设备状态监测、环境安防监测、电气负荷监测等数据的统一接入。在地市级、园区级、农村县域，重点对智能配电开展试点示范建设，加强配电新技术应用。到 2020 年基本建成广东中山，广西南宁、柳州，云南玉溪，贵州贵安新

区、六盘水 6 个地市级示范区，广东深圳福田，佛山金融高新区，东莞松山湖，珠海横琴，广州中新知识城、越秀区，云南大理核心区 7 个园区级示范区以及韶关乳源、云浮新兴、汕头南澳 3 个县域农村示范区。

第二节　存在问题与挑战

一、传统配电网存在的问题

传统配电网是电力系统的薄弱环节，供电可靠性整体偏弱，网架结构仍需完善加强，残旧设备需加快改造，部分过载问题、低电压问题需彻底消除。农村电网局部地区仍存在供电可靠性低、电压稳定性差的问题，农村主干网架需进一步加强，经济发展较快地区用电瓶颈问题亟需解决。配电网自动化水平有待进一步提升，配电网自动化有效覆盖率、自愈率水平、配电网通信等仍需加强。

虽然各地电网公司高度重视配电网投资建设工作，不断加大配网投资力度，配电网得到了长足的发展，但依然存在如下问题：

1. 传统配电网网架结构薄弱

受经济发展不平衡、体制多样化等因素影响，长期以来，配网建设积累的欠账较多，加上电力需求增长过快、地区发展不平衡等原因，配电网不平衡不充分发展矛盾依然突出，其结构薄弱，区域配网结构不清晰、线路供电范围交叉重叠、迂回供电问题突出，供电半径长，联络点设置不合理，10kV 配网转供电能力差、局部"卡脖子"、设备老化残旧、供电半径长、自动化程度不高等问题更为突出。此外，由于过去缺少配电网规划有力指导，各地区缺乏统一标准流程，项目建设存在较大随意性，致使配网设备类型繁多，给后续运行维护带来极大不便。

2. 传统配电网运行技术指标不高

受配电网网架结构和设备状况影响，部分地区供电可靠性指标依然有很大提升空间，尤其是在农村地区，供电半径长、设备残旧，用户停电次数多、时间长、电压低的现象也比较普遍，制约了客户满意度的进一步提高。

3. 传统配网自动化建设标准不完善

由于配网自动化工作起步晚，相应的技术政策、标准不完善，一些基层单位在开展配网自动化改造过程中，对技术路线选择不合理，过于追求理论上的"三遥"功能，相应的配套没能跟上，技术人员储备、通信、设备选型等都存在问题，实用化程度非常低，造成大量浪费。有些单位在配网自动化的建设规划方面以主站系统功能为主，对具体配套项目、一次设备的选择及有关技术路线上缺乏统筹规划与建设。配电各类终端众多，信息孤岛现象突出，需统一标准。

4. 配电自动化存在发展不充分、不均衡

配电自动化有效覆盖率不高，存在"建而未投、投而未用、用而无效"等问题，配电自动化主站功能支撑不足，难以满足大规模直采配电变压器计量检测、负荷管理、分布式电源等数据的要求，配电自动化建设未充分发挥作用。同时，由于全网内配网调度模式的不同，各地级市的配网调控技术支持系统配置不一，集成程度不高，数据接口不够规范，数据交互和信息共享困难，运行人员掌握不了配电运行的实时工况，操作繁琐，工作效率低，配电自动化调度运行管理仍处于低水平状态。

5. 低压配网设备性能差

中压设备运维基本上能够按照馈线或网格为单位，由配网运维班组定期巡视，并能应

用调度自动化系统、配网自动化系统对设备进行监控。

低压设备运维由于点多面广、数量庞大，且智能电表在电气量采集频率、速率、数据项上难以支撑设备运维、拓扑校核、业扩报装、低压停电抢修的应用需求，目前还主要依靠有限的人力进行管理，很难及时发现事故隐患。

6. 配网线路和设备设计选型标准不统一

设备通用性差，部分终端设备可靠性不高，标准化、智能化程度较低。设计制造质量不过关、现场运行环境恶劣等原因造成设备故障率高，终端在线率及动作正确率低。自动化设备制造未达标准、设备本身质量问题、通信通道中断及设备取电、后备电源等原因也加剧了终端在线率低及动作准确率低的问题。除此之外部分配电自动化设备主要是为单向的电力流动和有限的家庭消费而设计的，面对双向能量流、双向信息流的新型配网系统，需要配电侧提供更大的可视性和供电选择性，以配合不断变化的消费行为。

7. 传统配网智能化程度低

传统配网领域在云大物移智等先进技术应用方面非常不足，配网自动感知、自动诊断和自动作业水平很低，低压配电网拓扑结构、数据和设备状态、环境状态等无法准确感知，成为管理"盲区"。配网感知中低压配网的"停电在哪里、负荷在哪里、低电压在哪里、风险在哪里"的能力还不强。

8. 传统配网管理水平亟待提高

当前多元发展的能源供给体系，促使能源资源更大范围优化配置，要求电网企业不断为客户提供更加优质的电能和服务，而配网处于与客户用电服务最前沿地带，配网规划、建设、运行等方面能力和网络抗风险能力均需进一步提高，在用电申办、接电时限、接入成本、电压稳定等方面持续提升管理水平，确保客户平均停电时间、客户满意度等关键指标达到先进水平。

9. 配网信息化支撑不足

作业跟踪、隐患辨识、设备监控以及防灾减灾等环境监控能力的系统支撑不足。配电房、台架及低压线路的监测主要涉及计量自动化与配电房 / 台架监测系统，系统平台多、存在各自为政，终端多、通信通道差异、通信卡多且数据共享不足等情况，配网基础数据质量仍存在问题，同质数据存储于不同系统，系统间数据难以共享应用对低压透明化支撑不足。

10. 运维支撑技术有待提升

故障抢修研判与指挥能力较弱，SCADA、DMS、用采表计、营配贯通数据支撑主动抢修及综合研判能力不足，同时信息传递时间、反应周期较长。配网不停电作业率不高，以往配网设计、设备选型未充分考虑不停电作业需求，绝缘平台、绝缘杆作业法等应用不多，偏远县城地区不停电作业意识有待提升。无人机巡线等先进的智能配用电运维管理技术应用还未普遍使用，在高空、远距离、复杂地形的电力线路运维以及变配电站智能运维、故障监测、数据深度分析处理等方面仍有较大的发展空间。

二、传统配电网面临的挑战

当今世界，碳达峰、碳中和目标将从源头推动系统规划、运行、调度、管理等方面的根本转型，对配电网提出了更高目标要求。配电网发展面临的挑战如下：

1. 应对大规模分布式能源接入，要求进一步提升配电网的状态自我感知能力及系统灵活性

碳达峰、碳中和目标推动电力系统向"两个替代"（清洁替代、电能替代）发展，配电网对于分布式能源电力接入作用将逐渐凸显。分布式光伏、风电、小水电等，可调节性差，且具有随机性、间歇性的特点，大量接入对配电网系统会造成较大的冲击及挑战，这就要

求配电站作为各种分布式能源的汇集点与接入点，具有更加实时的状态监测，实现设备状态的自我感知，增加系统灵活性，逐步实现配电网的能量调节与实时控制，确保电网系统的稳定性。

2. 经济社会发展，多元化用户和优质电力服务的目标要求配电网更加友好互动

随着能源的转型发展，电能终端用户将日益增长，经济社会发展对电力供应需求将日益提高，同时，伴随着市场化改革和电力用户身份的重新定位，将促使电力流和信息流由传统的单向流动模式向双向互动模式转变。分布式电源、电动汽车、储能的普及，要求配电网具有更好的兼容性，新的电力用户将既作为电力消费又作为电力生产者，要求配电网具有良好的互动性。这对配电网数据信息的采集、挖掘及分析能力更进一步提升。

3. 新时代的电源开发模式更迭，传统的规模扩张形式难以满足分散电源开发及接入的需求，要求配电网的调节及调度能力进一步加强

有别于传统火电、水电、核电等集中能源开发模式，可再生能源资源分散的特点，决定了其开发利用模式必然是以靠近用户侧的大量分布式小型发电设施为主，这对传统电力系统的运行控制模式以及用户侧无源配电网络造成一定影响。增强配电网的可观、可测、可控水平，是用电终端客户参与多元协调、多能互补、市场化调峰的基础。

4. 企业发展方式转变及数字化转型、创新需求，要求配电网运行、维护更加高效、安全

电网的智能化是建立在对电网运行、生产、管理等数据广泛采集、分析及深度应用基础上的，但目前数据采集完整性、准确性与时效性有待进一步提升，多源异构的经营管理数据和生产控制数据的融合尚存在挑战，数据的存储与分析处理能力也有待加强。用户双向互动、需求侧响应等尖峰负荷控制措施尚未商业化、规模化应用。此外，新型信息通信、人工智能等新技术在具体业务场景中的落地应用还需深化研究。

随着计算机信息技术发展，南方电网公司数字化转型成果初显，基于全域物联网、统一云平台及边缘计算配电网关技术，配电网数据全面采集及共享，配电网可逐步实现低风险作业、智能化巡视、自动化操作、少人化检修以及监测逐步向用户侧延伸等，满足电网安全可靠需求，适应配电网更多高级应用功能，为电网提质增效提供有效解决途径。

第三节　本章小结

传统配电网规模庞大，侧重于满足广大用户基本供电功能，难以适应以新能源为主体的电力系统发展需求。随着网架的逐步完善、自动化的逐步升级，不断改善用户端的电能质量和供电可靠性。从可靠性要求出发，需要增强台区间联络、台区内分支线的联络、相线的联络；从安全性要求出发，需要建设微网、直流配网，采用交直流并存的低压供电模式需要一个互动平台，用信息化手段和增值服务手段，引导用户做需求响应来实现电网调控的安全可靠性要求；配电网将需要数字化透明技术体系、数字孪生技术，以形成低压信息物理系统深度融合的新型电力系统。

国家"双碳"战略，让电力行业重新审视电力系统的形态发展，构建以新能源为主体的新型电力系统，传统配电系统从被忽略的神经末梢，直接提升为新能源分布式消纳的主战场，亟需引入数字化、智能化技术手段，充分诠释"新型"电力系统的内涵，也即将在未来展示无尽的发展空间。

第二章

智能配电发展的背景

十三五以来，配电自动化覆盖率不断提升，配电网网架不断完善优化，较为有效地提升了配电网运行可靠性，但随着分布式能源、充电桩等新能源、新负荷的大量接入，配电台区，尤其是低压配电网的监控运维问题日益突出，大部分台区的监测设备种类众多，三遥信息缺失，拓扑结构不准确，故障判别没有有效手段，新能源新负荷不能有效控制调节。

基于此，需要统筹谋划电网发展，加快打造安全、可靠、绿色、高效、智能的现代化电网，全面提升电网数字化、智能化水平。践行"创新、协调、绿色、开放、共享"五大发展理念，着力推进智能配电建设。

第一节　电网高质量发展的需要

能源是人类社会生存发展的重要物质基础，也是世界经济发展的重要动力。能源转型发展呈现可再生能源逐步替代化石能源、分布式能源逐步替代集中式能源、传统化石能源的清洁高效利用、多种能源网络融合交互的特征。

近年，我国在能源行业取得了显著成就，为经济社会的高速发展提供了坚实的能源保障，但大量的能源消耗为我国资源支撑力、环境承载力、能源安全保障等方面带来了严峻的威胁和挑战。与此同时，随着经济结构的转型升级，我国经济发展进入新常态，能源消费增幅放缓，能源结构调整步伐逐步加快。

2020 年 9 月我国正式提出"双碳"目标，随后，各类相关政策纷纷发布，为实现目标奠定了政策基础。我国双碳政策发展历程见表 2-1。

表 2-1　我国双碳政策发展历程

时间	"双碳"重要政策与讲话	内容
2020 年 9 月	75 届联合国大会习总书记发表重要讲话	正式提出"中国将提高国家自主贡献力度，采取更加有力的政策和措施，二氧化碳排放力争于 2030 年前达到峰值，努力争取 2060 年前实现碳中和"
2020 年 10 月	十九届五中全会提出"十四五"发展目标	能源资源配置更加合理、利用效率大幅提高。加快推动绿色低碳发展，降低碳排放强度，支持有条件的地方率先达到碳排放峰值，制定 2030 年前碳排放达峰行动方案
2021 年 2 月	《关于加快建立健全绿色低碳循环发展经济体系的指导意见》	为构建绿色低碳循环发展的经济体系提供了顶层设计
2021 年 4 月	《关于建立健全生态产品价值实现机制的意见》	健全碳排放权交易机制，探索碳汇权益交易试点
2021 年 7 月	中央政治局会议习总书记发表重要讲话	"要统筹有序做好碳达峰，纠正'运动式'减碳，先立后破，坚决遏制'两高'项目盲目发展"

续表

时间	"双碳"重要政策与讲话	内容
2021年10月	《关于完整准确全面贯彻新发展理念做好碳达峰碳中和工作的意见》	明确2025年、2030年、2060年作为重要的转型时间节点，并设定了推进建设低碳循环发展经济体系、降低碳强度、提升非化石能源消费比重等低碳发展目标
2021年10月	《2030年前碳达峰行动方案》	到2025年，非化石能源消费比重达到20%左右，单位国内生产总值能源消耗比2020年下降13.5%，单位国内生产总值二氧化碳排放比2020年下降18%；到2030年，非化石能源消费比重达到25%左右，单位国内生产总值二氧化碳排放比2005年下降65%以上
2022年1月	《"十四五"节能减排综合工作方案》	到2025年重点行业能源利用效率和主要污染物排放控制水平基本达到国际先进水平，经济社会发展绿色转型取得显著成效。绿色低碳转型发展之中亦蕴含着机遇：即刻采取行动减缓气候变化，打造经济繁荣发展的新引擎，引领全球新一轮经济增长浪潮

"十四五"期间，我国现代化建设征程全面开启，高质量发展要求持续增强，排放达峰和低碳化成为能源发展的硬约束，能源低碳转型进入爬坡过坎的攻坚期，构建以新能源为主体的新型电力系统成为建设清洁低碳、安全高效的现代能源体系，服务碳达峰、碳中和目标实现的关键举措，这对于科学规划南方电网"十四五"及中长期电网发展提出了更高要求。一是统筹推进传统基础设施和新型基础设施建设，打造系统完备、高效实用、智能绿色、安全可靠的现代化基础设施体系；二是坚持创新在我国现代化建设全局中的核心地位，把科技自立自强作为国家发展的战略支撑；三是围绕构建现代能源体系，明确大力提升风电、光伏发电规模，加快发展东中部分布式能源，有序发展海上风电，加快西南水电基地建设，安全稳妥推动沿海核电建设，建设一批多能互补的清洁能源基地。

我国能源发展的"四个革命、一个合作"战略思想以及"碳达峰、碳中和"目标的提出，明确了能源转型的发展方向，深化了能源革命的内涵。

一、新型电力系统是能源转型核心

电能是能源最高效利用方式，随着电力应用大爆发，人类的生产生活方式被深刻影响着，电力应用成为保障经济社会繁荣发展的重要因素。然而，电力行业也是中国碳排放最大的单一行业，为实现双碳目标，能源供需格局需深刻调整，这必将给电力系统带来深刻变化。

从电源结构看，由可控连续出力的煤电装机占主导，向强不确定性、弱可控出力的新能源发电装机占主导转变。从负荷特性看，由传统的刚性、纯消费型，向柔性、生产与消费兼具型转变。从电网形态看，由单向逐级输电为主的传统电网，向包括交直流混联大电网、微电网、局部直流电网和可调节负荷的能源互联网转变。从技术基础看，由同步发电机为主导的机械电磁系统，向由电力电子设备和同步机共同主导的混合系统转变。从运行特性看，由源随荷动的实时平衡模式、大机组大电网的集中控制模式，向源网荷储协同互动的非完全实时平衡模式、大电网与微电网协同控制的分散控制模式转变。

能源转变涉及源、网、荷、储多个环节，导致电力系统从本质上发生了改变。构建新型电力系统，是一项极具开创性、挑战性的系统工程，也是能源转型的关键核心。新型电力系具有以下特点：

（1）强大的新能源发电主动支撑能力，助推新能源由辅助电源向主体电源转变。

（2）提升生产运行稳定性，辅助新能源电源持续安全快速接入。

（3）增强源网荷储协同能力，推动多能转换与互补利用，优化需求侧资源集群。

（4）抽水蓄能、分布式储能电站等储能技术与电源协同聚合，支撑高比例新能源电力系统灵活调节能力提升。

2021年3月，中央财经委员会第九次会议提出要构建清洁、低碳、安全、高效的能源体系，控制化石能源总量，着力提高利用效能，实施可再生能源替代行动，深化电力体制改革，构建以新能源为主体的新型电力系统，为能源电力的发展做出了最为重要的部署。

2022年2月，中华人民共和国国家发展和改革委员会（简称发改委）、国家能源局联合下发了《关于完善能源绿色低碳转型体制机制和政策措施的意见》，提出"完善新型电力系统建设和运行机制"的具体要求：加强新型电力系统顶层设计；完善适应可再生能源局域深度利用和广域输送的电网体系；健全适应新型电力系统的市场机制；完善灵活性电源建设和运行机制；完善电力需求响应机制；探索建立区域综合能源服务机制。

2022年4月，国家能源局、中华人民共和国科学技术部印发了《"十四五"能源领域科技创新规划》，在新型电力系统及其支撑技术方面，提出加快战略性、前瞻性电网核心技术攻关，支撑建设适应大规模可再生能源和分布式电源友好并网、源网荷双向互动、智能高效的先进电网；突破能量型、功率型等储能本体及系统集成关键技术和核心装备，满足能源系统不同应用场景储能发展需要。

为支持新型电力系统建设，南方电网公司在《南方电网公司建设新型电力系统行动方案白皮书》提出近期目标，2025 年前初步建立以新能源为主体的源网荷储体系和市场机制，具备新型电力系统基本特征；2030 年前，具备支撑新能源再新增装机 1 亿 kW 以上的接入消纳能力，基本建成新型电力系统。推动南方电网公司建设以新能源为主体的新型电力系统工作落实落地，《南方电网公司新型电力系统建设工作计划》中明确 9 个任务项、25 个重点工作，扎实推进落实上下游各环节高质量发展，服务清洁低碳、安全高效的能源体系建设。

构建新型电力系统是实现碳中和的主要抓手，是能源转型的核心。

二、电网数字化、智能化建设支撑构建新型电力系统

在宏观经济发展进入新常态的形势下，建设"数字中国"、发展"数字经济"成为国家战略。为有效支撑数字中国建设，政府大力推动大数据技术产业创新，发展以数据为关键要素的数字经济，运用大数据提升国家治理现代化水平，促进保障和改善民生。

电能是多种能源转化利用的最广泛形态，电网是高度嵌入经济社会生产活动中的公共基础设施，电网数字化智能化转型对推动能源转型、服务经济高质量发展具有重要支撑价值。

近年来，在国家推进"数字中国"建设的浪潮下，信息技术高速发展，如云计算、大数据、物联网、移动互联、人工智能等新技术与电网技术的融合更加紧密，为电力系统高质量发展提供了新的解决方案，传统电力工业的数字化势不可挡。

开展数字电网建设，深化智能电网应用，是推动新型电力系统建设的主要抓手。数字化是重要基础，智能化是重要手段。我国科学谋划、提前布局，在数字化转型及智能电网建设方面抢得先机。

1. 智能电网顶层设计

从 2016 年起，聚焦智能电网发展开展顶层设计研究，2018 年南方电网公司发布了《南方电网智能电网发展规划研究报告》，系统设计了智能电网发展架构体系，提出了"五

个环节＋四个支撑体系"的智能电网发展架构，制定了 32 项重点任务、16 类系统性工程。

五个环节包括：清洁友好的发电、安全高效的输变电、灵活可靠的配电、多样互动的用电、智慧能源与能源互联网。

四个支撑体系包括：全面贯通的通信网络、高效互动的调度及控制体系、集成共享的信息平台、全面覆盖的技术保障体系。

2. 电网数字化转型思路

电网数字化、智能化促进能源结构优化。利用先进数字技术、智能技术，实现对新能源发电全息感知、精准预测，大力提高系统灵活调节能力，支撑高比例新能源并网、高效利用。

支撑服务新能源并网消纳。南方电网建立南网云平台，为新能源规划建设、并网消纳、交易结算等提供一站式服务，引导新能源科学开发、合理布局。

支撑服务源网荷储协调互动。依托数字化、智能化手段聚合各类可调节负荷、储能资源，实现灵活接入、精准控制，大幅提高电网灵活性和系统稳定性，提高新能源并网消纳能力。

支撑服务绿电市场化交易。应用区块链、云计算、移动互联网等数字技术，搭建绿电交易平台，支撑开展百万市场主体、千亿千瓦时量级的绿电交易业务，满足市场主体的绿电消费需求，有效激发市场主体参与绿色电力交易热情。

电网数字化满足多元用能需求。提升电力精准服务、便捷服务、智能服务水平，满足日益多元化、个性化和互动化的客户用能需求。

助力满足电动汽车服务业务需求。建成全球覆盖范围最广、接入充电桩最多、"车—桩—网"协同发展的智慧车联网平台，助推我国电动汽车产业发展。

助力满足智慧能效服务需求。打造省级智慧能源服务平台，聚焦工业企业、公共建筑等客户，提供用能分析、能效对标、节能提效方案推介等服务，应用人工智能算法进行智能派单、故障自动研判，为客户降低运维成本。

电网数字化、智能化服务政府和行业治理。深挖电力数据资源"富矿"，积极开发"电力看环保""电力看能效""电力看双碳"等一系列电力大数据产品，加强政企协同，服务政府决策和行业监管。

积极开展碳监测。聚焦碳排放、碳足迹等重点领域，创新电力看"双碳"大数据应用，有效支撑精准测碳、合理控碳。

积极服务环保治理。深化与生态环保部门合作，开发智慧环保用电监测大数据产品，有效助力精准测污、科学治污。

积极服务能源治理。建设省级能源大数据中心，汇聚水、电、煤、气等各类能源数据，服务能源资源优化配置和高效利用。

3. 支撑新型电力系统

利用先进数字技术、智能技术，实现状态全感知、设备全连接、数据全融合，打造精准反映、状态及时、全域计算、协同联动的电网数字孪生平台，在技术集成与业务融合过程中实现对电网的"可观测、可描述、可控制"。

可观测为实现数据精准采集、全域共享，推动电力系统各环节各领域状态的全面感知；可描述为建立虚拟数字电网和实体物理电网的映射及联动关系，推动电力系统全环节在线、全业务透明；可控制为实现海量新能源设备和交互式用能设施的分层分级管理、参数可调可控、在线协同运行。

电力系统长期以来一直是以自动化为优势的工业系统，能源种类、负荷种类越来越多，给电力系统带来了不确定性。推进电网数字化、智能化，确保电网上下游安全、稳定、即时、可靠的实现数字化连接，使电力系统作为整体实现更大范围的感知、追踪、控制，提升全局优化能力。

三、构建一流的现代化配电网，是电网数字化、智能化建设的必然结果

新型电力系统涵盖了电力系统各环节，包括发电、输电、配电、用电等。通过电网数字化、智能化建设，构筑开放、多元、高效、统一的能源共享服务平台，实现电力生产、输送、消费各环节的信息流、能量流及业务流的贯通。通过智能电网深化应用，开展电网智能化升级、柔性化改造，合理调配能源的生产和消费，满足可再生能源的灵活调配，满足用户多元化的用电需求。

配电网是国民经济和社会发展的重要公共基础设施，是电力"落得下、用得上"的关键环节，目前，110kV 及以下电网供电量已占全网 90% 以上，保障配电网稳定是满足用户供电需求的重要措施，在加强调峰调频和电压支撑，保障输电网安全稳定运行上，配电网同样不可或缺。

配电网也是构建能源互联网的重要基础，随着新能源、分布式发电、智能微网等快速发展，以及电动汽车、智能家电等多样化用电需求的增长，配电网从传统的电力供应向综合能源配置平台的转变。通过开放融合、多边互动、平等竞争，有效促进供需对接、要素重组、融通创新，为各类用户带来实实在在的参与感和体验感，在推动电网核心业务转型升级的同时，可以兼顾满足利益相关方的期望与要求，体现平台价值，使电力在现代能源体系中日益处于中心地位，有力支撑能源生产和消费革命。

但是，配电网也是智能电网的主要薄弱环节。在供电能力方面，设备重过载未完全消除，"卡脖子"问题大量存在；部分地区设备轻载问题较突出，资产利用率有待提高。在电网结构方面，配电网供电安全水平不高，B 类及以上供电区域 $N-1$ 通过率未达到 100%；在智能设备方面，配电设备厂家众多，标准不一致，通用性差、互换性差；在配电自动化方面，目前主要集中在城市核心区开展，规模效应尚未体现，实用化水平不高；配网通信能力弱，信息安全问题相对突出，安全防护体系不够完善。

打造一流现代化配电网，要统筹施策、多措并举，将安全、可靠、绿色、高效的发展理念，贯穿电网规划、设计、建设、运行的全过程，从结构、设备、技术、管理等方面入手，打造可靠性高、互动友好、经济高效的一流现代化配电网。

以需求为导向，立足配电网数据收集、信息传输、智能分析各环节的关键问题，找准制约瓶颈，这是以数据为核心的智能配电网建设的重点。智能设备方面，统筹规划一次、二次网架，统一配电侧各感知终端建设思路、标准，补全配电网感知空白，提高智能设备普及率。智能通信网方面，随着各类终端接入需求不断增多，交互数据量增大，需提高通信网覆盖范围与带宽，满足分布分散的智能终端和用户终端的连接，打通通信"最后一千米"。与用户交互方面，扩展量测范围至用户端，完善配电侧与用电侧信息交互，消除数据孤岛现象，实现配电网全景观测。

从技术特征上看，现代化配电网需要统筹电源和负荷协调发展，应用"精准采集＋计算推演"的技术路线，合理有序部署采集装置，充分利用数字系统计算推演能力，向全局统筹、共建共享的智能配电网建设方向发展；从功能形态上看，需要推动各类能源向电能转换，促进各类能源信息的交互共享，逐步向以电为主、多种能源互联的智能化综合能源服务配电网演进。

配电系统的安全、可靠程度直接影响用户的用电体验，配电网数字化、智能化建设是提升电网灵活性、满足大规模分布式新能源接入的重要环节。

四、数字电网与智能电网概念的辨析

19 世纪末，电力工业逐步兴起，分别经历第一代电网、第二代电网和智能电网等不同发展阶段。当前，在第四次工业革命及数字中国的背景下，新一代数字化技术与电网业务不断深度融合，数据已成为重要生产要素，数字电网建设拉开序幕。电网发展阶段见图2-1。

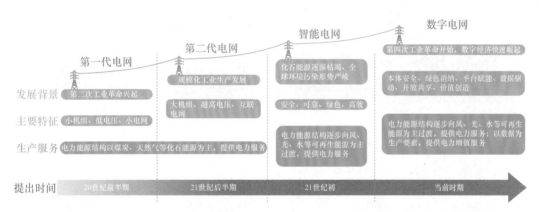

图 2-1　电网发展阶段

智能电网和数字电网是在不同的发展背景下提出的电网相关概念，两者都是以物理电网为基础，既具有区别，也具有一定联系。

我国国家发展改革委、国家能源局在 2015 年 7 月印发的《关于促进智能电网发展的指导意见》（发改运行〔2015〕1518 号）指出，智能电网是在传统电力系统基础上，通过集成新能源、新材料、新设备和先进传感技术、信息技术、控制技术、储能技术等新技术，形成的新一代电力系统，具有高度信息化、自动化、互动化等特征，可以更好地实现电网安全、可靠、经济、高效运行。一直以来，南方电网公司以促进电网向更加智能、高效、可靠、绿色的方向转变为目标，以应用先进计算机、通信和控制技术升级改造电网为发展主线，在新能源并网、微电网、输变电智能化、配电智能化、信息通信、智能用电、电动汽车发展等领域开展了广泛的技术研究，并在大电网安全稳定运行、分布式能源耦合系统、微电网、电动汽车充换电、主动配电网、智能用电等方面开展了诸多示范工程建设。

　　数字电网是以云计算、大数据、物联网、移动互联网、人工智能、区块链等新一代数字技术为核心驱动力，以数据为关键生产要素，以现代电力能源网络与新一代信息网络为基础，通过数字技术与能源企业业务、管理深度融合，不断提高数字化、网络化、智能化水平而形成的新型能源生态系统，具有灵活性、开放性、交互性、经济性、共享性等特性，使电网更加智能、安全、可靠、绿色、高效。数字电网是电力系统在新一轮科技革命和数字经济时代背景下的产物，是传统电网充分融合新一代数字技术后在数字经济中表现的能源生态系统新型价值形态。

　　智能电网侧重于聚焦电网的物理特征，智能电网与数字电网的发展重点对比见图 2-2。

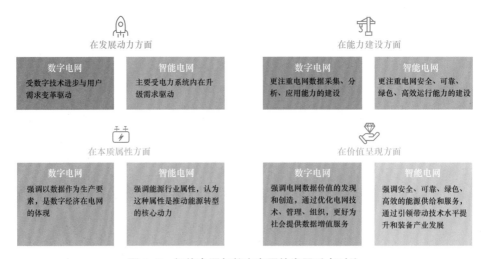

图 2-2　智能电网与数字电网的发展重点对比

　　智能电网与数字电网相辅相成，在一些场景交互交汇，智能电网与数字电网的发展目的见图 2-3。

　　总而言之，智能化技术的发展与广泛应用，在电网发、输、变、配、用各生产环节有效提高了运行效率和智能水平，为电力系统各环节的万物互联和全面感知打下了坚实的基础，实现电网运行状态数据的全面采集和综合分析，全方位支撑电网安全运行。

　　数字电网更强调"数"，运用数字技术对电网数据进行处理、模拟、分析等，智能电网主要聚焦电网的物理特征，更偏重技术范畴，更强调"智"，两者发展重点不同，但发展目

图 2-3　智能电网与数字电网的发展目的

的相同，在一些场景交互交汇，相辅相成，互为促进，融合发展。

在这一背景下，建设以配电网高级自动化技术为基础，深度融合"云大物移智"技术的智能配电网，应用先进的测量和传感技术、控制技术、计算机和网络技术、信息和通信技术等，提升配电网物理系统的可观、可测、可控水平，是深化数字电网建设在配电网侧的重要内容。

第二节　国内外典型示范的启发

配电网直接面向终端用户，与广大人民群众的生产生活息息相关，是服务民生的重要公共基础设施，对实现全面建成小康社会宏伟目标、促进"新常态"下经济社会发展具有重要的支撑保障作用。

当前世界能源发展格局复杂多变，世界各国更加重视电力工业健康有序发展，世界银行评测各国营商环境的一级评价指标之一就是"获得电力"。电力行业不断降低成本和提高效率，加快应用新技术、新设备，加大对电网的智能化建设与改造。在这个大背景下，智能配电网建设越来越受重视，配电网的改造也迫在眉睫。

一、智能配电典型示范

1. 美国

2003 年 6 月美国能源部（DOE）发布《GRID2030——电力的下一个 100 年的国家设想》报告，该纲领性文件描绘了美国未来电力系统的设想，确定了各项研发和试验工作的分阶段目标。2005 年发布的成果中包含了 EPRI 称为"分布式自治实时架构（DART）"的自动化系统架构。2007 年，为了从根本上改变能源的使用方式，美国颁布《能源独立与安全法案》，对配电系统提出了更高要求，确立了国家层面的电网现代化政策。2009 年美国总统奥巴马签署《美国复苏与再投资法案》，重点提升能源效率与可再生能源建设，进一步推动智能电网发展。2014 年，美国落基山研究所提出了美国 2050 电网研究报告，提出了可再生能源占比达到 80% 的目标和可行性分析。美国智能（配）电网发展时间线梳理图见图 2-4。

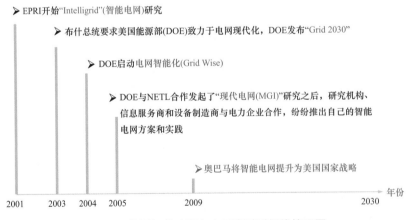

图 2-4　美国智能（配）电网发展时间线梳理图

自 2003 年美加大停电后，美国电力行业决心利用信息技术对陈旧老化的电力设施进行彻底改造，从而开展智能电网研究，以期建设满足以智能控制、智能管理、智能分析为特征的灵活应变的智能电网。美国的重点在于实现自愈智能电网。

美国智能配电建设主要与两方面有关：一方面是升级改造老旧电力网络以适应新能源

发展，保障电网的安全运行和可靠供电；另一方面是在用电侧和配电侧，最大限度利用信息技术，采用电力市场和需求侧响应等措施，实现节能减排以及电力资产的高效利用，更经济地满足供需平衡。

加州奥兰治县尔湾市内的欧文智能电网（ISGD）项目包括三个方面：通过智能电网技术改造实现零能耗（ZNE）家庭，允许家庭利用光伏和住宅储能系统进行产能和储能，自主控制能源使用，改变电力消费方式；构建大型锂离子电池、配电级电池储能系统（DBESS），辅助配电线路高峰负荷控制；实现配电网电压和无功功率控制（DVVC）。现场试验表明，平均实现节能 2.6%。

2. 欧洲

2004 年欧盟委员会启动智能电网相关的研究，提出了要在欧洲建设的智能电网的定义。2005 年成立欧洲智能电网论坛，并发表了多份报告，《欧洲未来电网的愿景和策略》重点研究了未来欧洲电网的愿景和需求，《战略性研究议程》主要关注优先研究的内容，《欧洲未来电网发展策略》提出重点关注智能配电发展，提高电力供应的安全性和可靠性，实现电网与用户的双向互动。2006 年欧盟理事会的能源绿皮书《欧洲可持续的、竞争的和安全的电能策略》强调欧洲已经进入一个新能源时代。2008 年底，欧盟发布《智能电网—构建战略性技术规划蓝图》报告，提出"20—20—20"框架目标，即与 1990 年相比，到 2020 年，能效提高 20%、二氧化碳排放总量降低 20%、可再生能源比重达到 20%。

欧洲智能配电建设驱动因素可以归结为市场、安全与电能质量、环境等三方面。大力开发可再生能源、清洁能源，以及电力需求趋于饱和后提高供电可靠性和电能质量等需求使欧洲比美国更为关注新能源的接入和高效利用。欧洲智能配电网建设的重点在分布式和微电网。

其中，德国在能源转型和配网智能化方面处于领先位置。2011 年 6 月，德国议会做出历史性决定，在接下来的 40 年内将其电力行业从依赖核能和煤炭全面转向可再生能源，在能源转型的背景下，德国在智能配电发展方面主要关注分布式能源消纳能力的提升，积极发展微电网、主动配电网、区域能源网络等，促进分布式能源消纳。其注重通过技术和政策两种手段保障可再生能源的接入和消纳。从管理和规划角度，提高新能源并网管理功能，实现新能源并网问题的就地控制和解决；从技术角度，提倡建立智能化的主动配电网。

北欧研究的重点领域主要在智能电网为核心的用户侧技术、消费者自主管理能源消费、电动汽车充电等方面，将继续发挥风电优势，推进风电的并网研究，继续推进以智能电表为重要内容的用户侧研究，并以此为延伸积极推进智能配电网的应用。

3. 中国（国家电网有限公司）

国家电网有限公司（简称国网公司）主要从配电管理、标准化建设、自动化建设、技术装备智能化等方面开展智能配电建设。

国网公司 2017 年提出建设配电管理"两系统一平台"（PMS2.0 系统、新一代配电自动化系统、配电网智能化运维管控平台），利用大数据、云计算技术整合 PMS2.0 系统、配网自动化系统、配网智能化运维管控平台功能数据，实现配网信息和业务在线化、透明化、移动化、智能化，同时启动新型智能配电变压器终端研究试点工作，构建基于软件定义、高度灵活、分布智能、边云协作的新型智能配电变压器终端，实现对配电网的全面感知、数据融合和智能应用，满足配电网精益化管理需求。2018 年 8 月，国网公司发布新型智能配电变压器终端，并开始构建"云、管、边、端"的配电物联网体系，同时在各省推广试点。基于"云、管、边、端"的配电物联网体系见图 2-5。

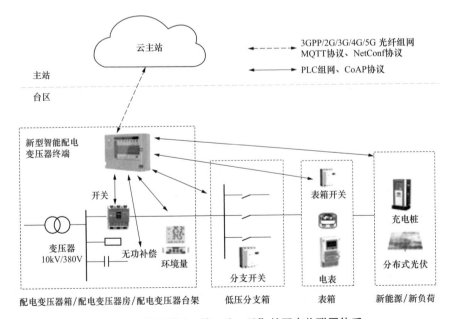

图 2-5　基于"云、管、边、端"的配电物联网体系

4. 中国（中国南方电网有限责任公司）

南方电网公司自 2018 年开始，通过构建配网生产管理与技术支撑体系，开展现代化配电网建设基础标准制定，优化电子化移交效率，推广实物编码应用，开展全域物联网技术应用，推进"两覆盖"在配网生产领域的应用，推进配网自动化、配网抢修指挥、网省生产指挥中心建设，在顶层设计及制度建设、物的透明化、运行透明、管理透明等方面开展了大量工作，取得了一定成效。

2018 年 12 月，南方电网公司提出"要优化调整核心资源调配方式，实现专业集约管控，在更大范围内调动资源、分配资源，高效快速响应各方需求，实现资源调配精细化、过程管控透明化、业务支撑一体化。"

深圳供电局 2019 年开展智能配电房与计量体系融合的试点建设，采用"三相能源网关 + 计量主站"的系统架构，应用三相能源网关实现营配终端统一接入，应用计量自动化主站实现对监测数据的融合与共享。

广州供电局配电房 10kV 侧以现有配网自动化为基础，在不更改现有自动化设备体系的基础上，通过配电智能网关取代传统的 TTU，实现低压侧的营配数据和业务的末端协同，并将数据共享给配电自动化系统、计量自动化系统、输变配一体化智能视频监控平台，生产业务通过配网智能运检管控系统进行流转。

广东电网大湾区的相关供电局，围绕配电房业务应用需求，通过配电智能网关实现将电量数据、设备检测数据、低压分支数据、动环数据统一接入公司的物联网平台，并通过数据中心共享给业务系统应用。

二、典型示范的启发

总结国内外智能配电建设典型示范的成功经验，有以下三点启示：

（1）智能电网的建设对供电可靠性提出新的要求。在电力市场与新时代能源发展战略背景下，国外配电网多注重升级改造旧的配电网络，以保障电力供应的安全性和可靠性。结合我国当前智能电网建设要求，以及优化营商环境需求，完善升级配电网架结构和配电自动化建设势在必行。

（2）新能源电源和需求侧资源给配电网运行带来新的挑战。新能源和需求侧业务是当今各国能源战略发展与电力市场改革过程中发展出来新的新兴业务。在双碳背景下，结合我国电力供需实际，新能源电源、微电网、储能等灵活资源呈现出越来越高的占比，也为未来智能配电的建设带来新的挑战。

（3）信息技术是提升配网管理水平的重要手段。从国内外的典型示范来看，多采用信息技术优化电网管理、运维、客户关系管理等工作，以提升电网运行安全和运营效率，优化电力供应质量，更好地满足客户需求。现配网智能化建设的覆盖范围有限，采集的配网数据信息不全面，且多数据融合、各系统信息交互仍存在问题，未来智能配电网的数据信息与各管控、调度、管理、服务等平台数据融合仍需进一步加强。

1. 智能配电概念

智能配电主要以配电网高级自动化技术为基础，深度融合"云大物移智"技术，通过应用先进的测量和传感技术、控制技术、计算机和网络技术、信息和通信技术等，配置一二次深度融合的开关设备、配电终端及通信网关，提升配电网物理系统的可观、可测、可控水平，构建柔性、自愈、透明的电网结构，实现配电网的自动化、数字化、可视化、智能化，进一步降低设备故障率，优化资产利用、提高运维质量和效率。

智能配电网可满足可再生能源和分布式发电单元的大量接入，适应微网并网或脱网的运行及控制，鼓励各类不同电力用户积极参与电网互动，灵活实现配电网各类运行状态下的监测、保护、控制、优化和非正常运行状态下的自愈控制，最终为电力用户提供安全、可靠、优质、经济、环保的电力供应和其他增值服务。

2. 智能配电的特征

智能配电网的发展目标是实现电网自愈。传统配电网规模庞大，侧重于满足广大用户基本供电功能、网架的逐步完善、自动化的逐步升级，并不断改善用户端的电能质量和供电可靠性，总体上仍处于粗放型台账管理模式。现代化配电是在过去传统配电网基础上，利用先进信息技术、先进控制技术、先进传感技术和可视化技术，依托构建以"光纤通信网＋无线公网"为主、载波技术和卫星通信等技术作为补充的现代化配网远程通信网，实施电网数字化、智能化建设，将物理结构特性、生产运行业务信息进行数字化综合、直观呈现，实现配电网设备自动化、运维智能化、应用数字化、电网透明化等功能，具备"安全、可靠、绿色、高效、智能"的现代化电网典型特征。既具备可观、可测、可感知、可展示的透明型配电网特征，同时具备可控、可算、可分析的智能配电网特征，具有自愈保护、故障快速隔离、设备状态监测、环境安防监控、边缘计算、就地及远端策略等智能化配置，实现"全覆盖、无死角"全天候实时监测。

与传统的配电网相比较，智能配电网具有如下特征：

（1）更高的供电可靠性。具有抵御自然灾害和外力破坏的能力，能够进行电网安全隐患的实时预测和故障的智能处理，最大限度地减少配电网故障对用户的影响；在主网停电时，应用分布式发电、可再生能源组成的微网系统保障重要用户的供电，实现真正意义上的自愈。

（2）更优质的电能质量。利用先进的电力电子技术，电能质量在线监测和补偿技术，实现电压、无功的优化控制，保证电压合格；实现对电能质量敏感设备的不间断高质量、连续性供电。

（3）更好的兼容性。支持在配电网接入大量的分布式发电单元、储能装置、可再生能源，与配电网实现无缝隙连接，实现"即插即用"，支持微网运行，有效地增加配电网运行的灵活性和对负荷供电的可靠性。

（4）更强的互动能力。通过智能表计和用户通信网络，支持用户需求响应，积极创造条件让拥有分布式发电单元的用户在用电高峰时向电网送电，为用户提供更多的附加服务，实现从以电力企业为中心向以用户为中心的转变。

（5）更高的电网资产利用率。有选择地实时、在线监测主要设备状态，实施状态检修，延长设备使用寿命；支持配电网快速仿真和模拟，合理控制潮流，降低损耗，充分利用系统容量；减少投资，减少设备折旧，使用户获得更廉价的电力。

3. 智能配电网建设痛点及解决思路

自 2019 年南方电网公司发布数字化转型行动方案以来，南方电网公司按照"试点先行、分步实施、以点带面、全面推广"的原则，不断推进智能发、输、变、配建设，积极以智能化手段开展业务转型升级和管理模式优化，全面推进智能电网建设，在智能化建设上进行部分技术的实践验证，取得了一定成效。电网管理平台完成了全网的部署应用，支撑管理业务数字化。全域物联网平台实现全网部署，典型业务场景的试点应用取得了一定进展。网省地生产指挥中心体系初步建成，稳妥推进生产组织模式优化。但随着公司数字化转型和智能电网建设的深入推进，配网业务应用呈现了一些亟待解决的问题：

一是生产指挥的实时监控支撑能力不足。 随着物理电网智能化升级改造的不断推进，各类实时监测数据基于全域物联网平台实现了统一接入和管理，但当前电网管理平台主要面向生产管理业务数字化，对电网运行的实时监控支撑能力不足，无法满足生产指挥实时监控、智能分析、主动应对的业务应用需求。

二是平台支撑能力滞后，跨专业协同不足。 目前物联网数据通过分散的系统进行应用，各类专业系统存在碎片化问题，横向协同不足，专业管理透明化程度不高，对业务管理支撑不足，急需打造全网共建共用的生产运行支持系统，支撑数据快速应用、功能便捷部署。

三是应用智能化水平待提升。 目前各专业的大部分智能应用停留在监控感知层面，数据尚未作为生产要素深度挖掘、深入应用，数据融合与数据洞察程度不高。

（1）建设痛点。

一是"一张图""如何画"。 对于如何绘制现实电网在虚拟世界的映射，实现"数字孪生"，国内外的手段、方法较多，总体可分为物理方式和手动录入方式，相较而言，手动录入方式需要人力投入较大，整体投资较少，准确度高；物理方式人力投入少，但投资大、准确性偏低。需要综合两种方式优点，实现效益最大化。

二是数据"如何取"。 配网台区点多面广、建设投资见效慢，相较主网和高压配电网而言，其数字化、智能化水平相对较低，发展较为滞后，成为了电网企业数字化建设的"最后一公里"。配网存量非智能设备数量庞大，通过单纯堆砌先进设备、先进传感器来实现数字化，效率不高，资金投入大。

三是图数"如何融合"。 传统电网中的数字资源散落在不同业务领域、不同信息系统之中，数据资源系统整合、协同互通的能力较差。一线业务人员受专业技能等因素限制，难以熟练、灵活地运用多个业务信息系统，需要通过数字融合的方式打破专业壁垒，消灭人与系统之间的"数字鸿沟"。

四是数据"如何用"。 一方面要"服务管理层"，深化规划、基建、运维、客户服务等业务融合，推进"一张图建设、一张图运维、一站式服务"。另一方面要"解放操作层"选用"即插即用、透明配置"的硬件，开发"功能强大、简单易懂"的软件，服务基层班组，推进数字减负。

五是新型电力系统发展需要如何满足。作为智能配电网发展的一个新阶段，新型电力系统对先进配电自动化建设提出了新的建设要求，主要体现为大批分布式电源、储能、柔性负荷等具有互动性的主体参与电网运行，配电系统呈现海量信息感知、分层互联互动、分区自治的格局。

（2）解决思路。

1）夯实电网物理基础。

a. 提升建设标准

中压配电方面：优化中压配电网网架结构，电网网架从传统的放射型变为多段互联网络，并向多层、多环、多态复杂网络方面发展，需要进一步提升馈线自动化和配电自动化水平，提升新能源消纳能力、主配协同能力、运行状态管控能力、负荷自主平衡能力和削峰平谷能力。

低压配电一次设备方面：一是在变压器容量配置上，要适应新型电力系统能源双向流动的特点，充分考虑地方分布式能源发展潜能，满足"风、光"等新能源消纳的需要，而不是通过单纯地通过户均容量来进行配置。二是低压开关要向智能化方向发展，如配置具备"三遥"功能的智能型综合漏电保护器，实现低压开关的"可观、可测、可控"。

低压二次设备方面：一是针对低压配网设备点多面广、数量庞大的特点，数据采集处理采取"分层分布"布置，通过加装智能网关，实现边缘计算功能。二是加装无功补偿、无功静止发生器等设备，对电网无功功率进行快速动态调整，减少大量分布式新能源、充电汽车充电桩等设备对系统功率因素的影响。三是将智能化设备延伸至低压线路侧，加装各种智能化设备和传感器，进一步提升低压台区可观可测可控水平，提升低压台区自愈能力。

计量设备方面：推进智能电表宽带化，在已有专变用户全覆盖的基础上，以供电所为单位成片推进，逐步推进低压工商业用户及低压用户改造，深度挖掘计量数据使用潜力，积极适应未来逐渐扩大的市场化交易范围。

b. 提升建设规范

"把工地搬进工厂"，推行"标准化设计、工厂化预制、成套化配送、装配式施工"的配网建设新模式。

将预装配融入标准设计，以南网标准设计为蓝本，开展精细化设计，构建预制式农村低压配电房、低压智能配电板、低压智能配电柜、低压智能配电箱等"预制标准件"。

开展"工厂化"预制，将标准设计优化成果应用于设备生产，通过标准化、机械化、批量化生产，制造用于配网工程现场装配的预制标准件。

实行"车间化"预装配，将金具连接、接线端子制作、导线弧度定形等现场施工工序，改为车间装配，通过标准货架进行材料打包形成标准模块。

成套化配送，建立施工临时仓库，建立标准物资配送包，实现物资预装配和统一打包配送。

装配式施工，实现"工厂施工替代现场施工，预装配替代现场装配，杆下作业替代杆上作业，工具施工替代徒手施工"的"四个替代"，全面提升配网施工安全、效率和质量。

2）深入挖掘数据价值。背靠南网"云平台""物联网平台"，按照微服务、云原生的方式设计应用。将数据交互放置在南网物联网平台上，以物联网作为台区"基本数据流"和"实时数据流"的集散地，减少重复投资、实现不同数据接口融合，利用大数据技术深入挖掘数据价值。

a. 数据透明化显示

以配网"一张图"为基础，构建配网"数字孪生"。一是在深度融合"站 – 线 – 变"台账、图形、模型数据，配电变压器及电表准实时数据、空间及地理位置信息的基础上，将设备线路以图元的方式显示在拓扑图、沿布图等图形上，集中展示线路、设备的拓扑逻辑关系、空间地理关系以及设备型号参数。二是将系统回流数据集中显示在设备图元上，用户得以实时或准实时地获取设备电流、电压、开关状态等运行信息。

b. 中低压无缝拼接

配网"一张图"是中低压一体化、透明化管理的基础。中压线路图描述站线变关系，低压台区图描述变线户关系，通过配电变压器无缝拼接起来，形成完整的站线变线户关系。同时，服务新型电力系统的建设，将"风、光、储、充"等设备纳入统一管理，实现电网设备、重要用户设备全景式显示。

c. 业务流程无缝连接

实现"一张图"是配电网数字化、智能化建设的重要任务，从规划设计、施工验收、到运维管理，始终是"一张图"流转，不做重复功。如在建设阶段，可用 App 现场定位建模的方式得到包含地理位置和连接关系的模型数据，自动生成单线图。模型数据可转换为

CAD 图纸，形成设计资料。在施工验收时使用同样的 App 现场修正模型数据，进行电子化移交，形成设备资产数据及运维管理图形。

3）提高配电网数字化、智能化覆盖面。

全面加强智能配电网建设，拓宽智能配网数据来源，以示范区规模化推进配电设备智能化升级，加快具备县（区）域智能配电、数字配电整体性、全域性运行特征。

a. 分类型建设

针对农网台区点多面广、设备众多的特点。在电网投资上要向短板倾斜，将农网台区划分为"高、中、低"三个标准进行标准化建设和改造，最大限度盘活利用现有电网设备，遵循资产全生命周期原则，用较低的成本实现智能配电网的全面覆盖。进而实现将数字化、智能化设备延伸至配网台区低压线路侧，实现配网台区的深层次"可观、可测、可控"。

b. 分阶段建设

实行模块化建设，通过迭代升级，逐步完善智能配网建设，提升配电设备综合利用能力和全生命周期管理水平，最大限度利用和保护现有投资。第一阶段初步实现中低压配网的数字化智能化全覆盖。第二阶段通过推广应用多终端融合智能网关，引入边缘计算技术，实现数据分层分级处理，提升智能配网的采集频率和数据实时性，形成海量数据感知、分层互联互动、分区自治的格局。第三阶段配合以"风、光"为主体的新能源建设以及储能设备、电动汽车充电桩的快速发展，加装光伏并网开关等设备，通过对海量多源异构数据的采集、分析、计算，实现分布式协同控制、台区自主平衡，安全、智能、高效消纳地分布式能源。

4. 智能配电技术发展及创新方向

（1）行业发展方向。随着配电网络结构从传统放射型向多端互联网络的转变，并进一步向多层、多级、多环、多态复杂网络方向发展，给配电网整体技术体系带来了很大的挑战，配网技术体系将融合以下前沿技术进一步发展。

主动配电网技术。主动配电网是采用主动控制和主动管理分布式电源、储能设备和客户双向负荷的模式、具有灵活拓扑结构的公用配电网。与传统技术相比，主动配电网规划技术具有柔性的技术标准、集中的管理模式和灵活的网路结构。

智能配电装备技术。在智能配电网中，设备是关键的硬件设施。这项技术主要应用于电力设备，使设备具有状态感知和信息传输的功能，如智能状态传感器、智能电子化互感器等。智能配电装备的设计应是一体化的，具有性能可靠、功能模块化、接口标准化的特点。因此，智能配电装备是集采集、控制和保护多功能为一体的集成装备。

通信与信息支撑技术。 智能化的设备都具有通信功能，这就需要有通信与信息支撑平台，它对智能配电网的自愈控制起着重要作用。

智能配电网自愈控制技术。 这项技术能够让配电网具有自我预防、自我修复和自我控制的能力。随着分布式电源和电动汽车充换电设施的接入，以及配网规模的不断扩大，配电网的复杂程度不断加大，无自学习、自适应能力的传统配电网已经无法适应如此复杂的情况，而只有会自学习、自适应，才能满足智能配电网的要求，实现事故前风险消除和自我免疫。

分布式电源并网与微电网技术。 未来的配电网将接纳大量的分布式能源，需要分布式电源并网与微电网技术。分布式电源具有间隙性，它们的大规模接入，会给配电网带来一系列问题，如电能质量问题、孤岛效应问题、可靠性与稳定性问题以及配电网适应性问题，这也促使配电网的现有技术发生了深刻变化。同时，客户终端用能结构与服务需求也发生了深刻变化，智能配电网消纳间隙能源由被动变为主动，做到配网自我组织参与消纳，达到全网最优协调。

大数据技术。 通过量测终端，将用户智能量测海量数据与配电网结构与运行数据相结合，将为配电网运行、规划、管理、交易等提供重要信息，大幅提升中配电网的运行和管理水平。

数字孪生技术。 在真实配电网中，有很多数据体量大、结构复杂、测算困难，建立数学模型也存在不精确的问题，这就需要采用通过孪生技术，融合高级量测技术、快速仿真与模拟技术，以及灵活控制技术，以信息为纽带将物理网络和信息网络紧密结合成一个整体系统，并借助完善的感知、计算、控制技术实现其智能化运行。

人工智能技术。 人工智能技术可以用于高精度信息预测。掌握供需发展趋势，最大化可再生能源利用，释放需求侧潜力，实现供需灵活匹配，延缓或避免传统电厂调峰和建设需求。还可以用于提升生产能效和收益。基于机器学习实现故障预警、预防性维护、优化运行决策、窃电监测等；利用智能机器人完成带电检测和不停电作业，减少停电需求与影响。

（2）南方电网研发攻关方向。南方电网公司按照全域物联网"云—管—边—端"的体系架构发展智能配电体系。配电智能网关是智能配电领域的边缘侧核心设备，向下连接配电域各类传感器、采集器和监测终端，实现各类业务数据统一采集，向上接入到全域物联网平台，平台协同网级数据中心实现配电感知层数据对全网业务应用融合共享，如配网生产指挥平台、电网管理平台、计量自动化系统等，大大提升数据共享的实时性和准确性，实现配网设备状态精准感知和配网运行信息透明。

与国内外现有技术比较，南方电网公司主导的基于物联网技术的现代化智能配电关键技术通过自主创新，为实现电网状态全面感知、业务灵活接入、信息可靠传输、连接敏捷开通、数据安全共享、网络智能管控的全域物联网，促进公司数字化转型战略，实现了多项关键技术的重大突破，包括研究提出了基于物联网的即插即用信息交互技术和云边端统一的模型体系；研制了面向云边协同的海量设备接入管理与数据感知的物联网平台，实现全域物联网亿级终端接入，百万级数据并发处理；提出面向电力边缘计算需求的轻量级高可靠容器开发与数据安全防护技术；研制了国内首台具备边缘计算能力的全栈国产化配电智能网关，实现边缘业务应用的快速部署、灵活配置、可靠协同运行；研究基于"云—管—边—端"架构的透明智能配电网整体解决方案；研发了贯穿营配调规安的网级配电运行支持系统等。

研究成果在技术先进性、实用性、开放性上整体达到国际领先水平，多项技术指标位于国内外前列。在此基础之上，南方电网公司 2019~2021 年，先后发布了《南方电网标准设计与典型造价 V3.0》（智能配电 第一卷 ~ 第七卷），内容涵盖智能配电站、智能开关站、智能台架、配电自动化、中压架空 / 电缆线路、低压线路及配电网通信等。

第三节　本章小结

本章主要通过介绍新时代发展背景下的能源清洁低碳转型及电网高质量发展需求，从"双碳"目标与能源转型需求对提出加快电网数字化、智能化建设进程，强调其对于构建以新能源为主体的新型电力系统及清洁低碳、安全高效的现代能源体系、服务碳达峰、碳中和目标实现具有核心支撑作用。

进一步概括了智能配电的建设蓝图，对"十三五"期间的建设进工作进行总结的同时，引入"十四五"期间的智能配电体系建设新目标，最后结合智能电网技术发展现状，对南方电网公司的研发攻关方向做出总结。

第三章

智能配电的内涵和体系

　　南方电网公司立足新发展阶段、运用新发展理念、把握新发展格局，全面承接国家数字化转型建设要求，以供电可靠性为总抓手，以数字技术、智能技术推动传统配电网升级，全面分析并用好用活存量装备，提升装备智能化水平；深入挖掘数据价值，以数据要素实现业务管理模式变革；推动配电规划、建设、运维智能化，推进数字化转型与管理模式变革，支撑电网安全稳定运行和智慧生产管理，建设现代智能配电系统，推进现代供电服务体系建设。

　　智能配电基于云管边端的技术架构，实现设备全面感知和数据融合共享，支撑"运行巡视远程化、检修试验精准化、分析决策智能化、风险管控透明化"业务目标，支撑全面建成智能电网，实现生产运营的提质增效及智能化决策。

第一节 内涵和特征

一、智能配电基本内涵

智能配电是通过先进的通信技术、计算机控制技术，深度融合"云大物移智"技术，构建柔性、自愈、透明的电网结构，实现配电网的自动化、数字化、可视化、智能化，进一步降低设备故障率，优化资产利用、提高运维质量和效率，适应多种分布式新能源灵活接入、提升优质服务和互动能力，建成更加安全、高效、绿色、互动的配电网。

建设智能配电，实现设备状态智能感知：强化电网装备智能化水平，建立数字化采集基础与通信能力，实现对源、网、荷、储、用的状态监控和数据感知。

建设智能配电，实现配电网建设及运维管理智能化：在配电自动化基础上，全面支撑智能监测、监控技术方案，适应现代化电网发展要求，实现电网运行分析智能、决策智能。

建设智能配电，实现管理模式智能提升：以智能化技术手段开展管理自我诊断，查找问题、分析问题、定位管理薄弱环节，其贯穿上层到下层，整体实现多层级的立体网状结构。

二、智能配电基本特征

现代化智能配电是在过去传统配电网基础上，利用先进信息技术、先进控制技术、先进传感技术和可视化技术，实施电网数字化、智能化建设，将物理结构特性、生产运行业务信息进行数字化综合、直观呈现，实现配电网设备自动化、运维智能化、应用数字化、电网透明化等功能，具备"灵活可靠、可观可控、开放兼容、经济适用"的智能配电网关键特征。

一是灵活可靠。构建有序、灵活可靠的配电网架构，差异化提升配电网供电可靠性和网架灵活性，增强防灾抗灾及环境适应能力。全面服务粤港澳大湾区建设和城镇化建设。以目标接线为导向，以解决电网现状及预期存在的风险及问题为目标，有序向目标网架过渡。以保障电力供应可靠为主要目标，提升负荷发展快速区域的电网供电裕度，同时兼顾电网建设的经济性及可实施性，解决网架结构复杂、供电区域划分不清晰、事故支援能力差等问题，提升供电可靠性。

二是可观可控。通过调度自动化、配网自动化终端、配电房/台架变智能监测终端，实现对配电网核心装备的状态全面感知，支持中低压配电网透明化应用。融合全域物联网、配网自动化、计量自动化的数据，基于南网智瞰地图服务和物联网平台实时数据，实现数据的"边端采集、物联传输、云端应用"。通过构建中低压拓扑一张图，支撑配网运行数据、设备状态、运行风险等实时监测，推动配网状态可观、数据可测、风险可控，强化数据的分析应用能力，支持配电网的运行管理和精准客服，实现支撑配电智能化业务管理提升。在数字化方面实现可观可测可展示，在智能化方面实现可控可算可分析。

三是开放兼容。源、网、荷环境等的实时信息采集、传输、存储、分析、整合与管理的全面覆盖，为运行控制、网络规划、设备管理、营销策略制订和风险管控提供数据支撑。智能配电网强化营配调信息数据共享，实现管理数据、实时状态数据及基础数据的深度融合，实现中压乃至低压配网故障的快速研判和准确定位，实现故障停电信息快速推送至运维抢修人员和95598客服中心，推动"主动抢修"以及"主动告知"服务的实现。

四是经济适用。逐步推进智能网关全面替代集中器和配电变压器监测终端，实现台区终端设备的最小化配置和台区数据的统一采集。综合考虑实际需求与配网现状，依据统一配置原则合理配置智能传感设备，不冒进、不求大而全，实现不同数据源从感知层到平台层高效采集、高效传输和高效处理，即时、准确感知配电网台区信息。同时，通过制定和完善智能配网系列技术规范和标准，为后续的工程提供了标准和示范，节约了社会成本，促进了整个行业快速、健康发展。

第二节　技术路线和体系架构

一、智能配电建设技术路线

南方电网公司"4321"数字化转型整体路线如图 3-1 所示，遵从该路线，以强健保底网架和实用化高覆盖建设配电自动化，应用一二次融合环网柜、一二次融合柱上断路器、智能电容器等智能装备；开展智能化建设，应用具备高可靠性、小型化和节能等特点的配电智能传感器，实现智能配电的全面感知，全面提高配网装备数字化、智能化、实用化、国产化水平；基于南网智瞰沿布图采集功能，加快线路沿布图绘制以及低压台账的完善，提升配网线路数据质量；充分发挥南网云、全域物联网平台、南网智瞰、南网在线等基础服务平台支撑作用，满足智能调度、智能运维和智能用电的营配调业务融合需求。

在此基础上，南方电网开展了智能配电试点及示范项目建设，取得了较好的试点成效，并总结提炼，形成了南方电网智能配电总体技术方案，提出了配电台区营配调多终端融合的智能配电技术发展路线，发布了《南方电网公司标准设计与典型造价 V3.0（智能配电）（第一卷～第七卷）》（以下简称《标准设计 V3.0》），方案内容涵盖智能配电站、智能开关站、智能台架变、中压架空线路/电缆线路、低压线路及配电网通信等。《标准设计 V3.0》充分考虑业务需求和当前"云大物移智"等智能技术发展应用情况，增加了电气量监测、设备状态感知、故障录波及分析、环境监测等数据采集的设备，增加数据传输通道建设指引，在系统架构设计、网络安全防护、终端配置及选型方面融合了物联网、微传感、人工智能等方面技术应用，是指导智能配电网建设的重要标准性依据。南方电网标准设计发展历程见表 3-1。

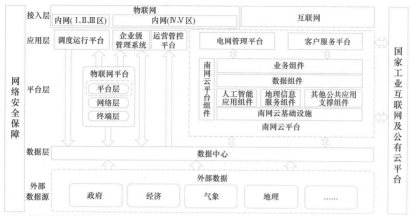

注：虚线框部分为拟新建内容

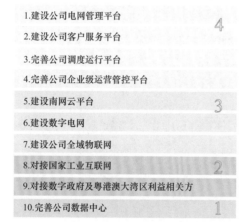

图 3-1 南方电网"4321"数字化转型整体路线

表 3-1 南方电网标准设计发展历程

年份	设计规范文件	建设内容
2014	《基建工程标准设计和典型造价 V1.0 版》	35kV 变电站、架空线，10kV 架空线、电缆线，配电站等
2016	《基建工程标准设计和典型造价 V2.0 版》	10kV 架空线、电缆线、台架变、箱变、开关站、开关箱
2018	《配网基建工程标准设计和典型造价 V2.1 版》	20kV、0.4kV、配网自动化、配网通信、充电桩（各省自行修编）
2019	《南方电网公司标准设计与典型造价 V3.0（智能配电）》	智能配电站、智能开关站、台架变智能台区标准设计，增加了设备状态感知、环境监测等数据采集的设备，增加数据传输通道建设指引
2021	《南方电网公司标准设计与典型造价 V3.0（智能配电第四卷～第七卷）》	架空线路、电缆线路、配电网通信和低压线路的标准设计，增加了设备状态感知、环境监测等数据采集的设备，增加数据传输通道建设指引，丰富了配电自动化典型网架标准设计和"双链环""菊花链"两个示范性方案

二、智能配电系统体系架构

基于公司数字化转型"4321"的整体路线，构建"云—管—边—端"的技术架构，智能配电网建设以生产运行实时支持系统（配电）为建设核心，以"统一技术架构、统一物模型规范、统一安全防护、统一远程运维管理要求、统一应用商店要求、统一操作系统、统一连接标准、统一通信接口、统一实物编码"（简称"九统一"）为目标，推动智能配电网统一物联标准体系的建设，实现物联终端设备即插即用、数据互联互通、信息安全可靠上送。实现"数据互联共享、设备全面监控、业务智能决策、人员提质增效"，结合电网管理平台管理信息数据、协同完成生产业务闭环，并共同支撑生产指挥应用展示及管理穿透。智能配电系统体系架构见图3-2。

图 3-2 智能配电系统体系架构

根据业务架构、应用架构、数据架构的技术需求及技术发展趋势，明确应用层、平台层（含中台、基础平台）、网络层、边缘层、感知层的能力要求，以及对安全和运维服务能力的要求，为智能配电网各类应用创新迭代提供技术支撑。

1. 终端层

终端层实现设备终端传感信息的采集，分别由传感器与传感网络构成，传感器包括微功率/低功耗无线传感器、常规无线传感器、有线传感器等监测装置，以及作业移动终端、无人机/机器人、卫星遥感等感知设备，实现对设备状态、环境信息、视频图像、安防、作业信息等数据的采集；传感网络是由传感器节点组成的网络，其中每个传感器节点都具有传感器、微处理器，以及通信单元，共同协作来感知采集和传输电网设备的运行状态、环境气象数据、可视化信息、作业信息等，实现全方位感知。

2. 网络层

网络层由无线网（公网和电力专网）、有线电力光纤网和相关网络设备组成，采用4G/5G、光纤传输、微波等通信技术。利用通信网络基础成果，构建现场终端与边缘层、平台层、应用层实时交互通道，确保数据安全可靠交互。通过扩大电力无线专网试点及业务应用、进一步优化骨干传输网和数据网，满足智能配电网相关专业业务处理实时性和带宽需求，为设备物联提供高可靠、高安全、高带宽的数据传输通道。实现对核心装备的状态全面感知，稳定传输，尤其加强配电网络的建设，实现对配电线路全覆盖。

3. 平台层

平台层以电网数字化平台、物联网平台为核心，为业务应用提供数据服务支撑。电网数字化平台是基于电网统一数据模型，贯通发、输、变、配、用电网资源，实现全网设备和地图统一管理，完善站、线、变、户拓扑连接，接入生产、调度、计量实时数据，为全业务域提供数据支撑。

全域物联网以云数一体平台为基础设施开展统一建设，基于南网云"主节点＋分节点"部署。感知层采用边缘计算、小微传感技术；网络层采用4G、5G、低功耗无线通信、WAPI、微功率无线、光纤通信等技术。对内实现对电网状态的全面实时感知，支持属地化的实时操作和业务响应，促进云边端的全面协同；对外跨越公司物理电网边界，极大地丰富数据采集来源，为实现南方电网公司价值链的延伸提供有效手段。

4. 应用层

智能配电网产生的海量数据，可支撑智能配电网全生命周期质量管理和标准体系建设，促进组织变革，支撑全产业链上下游新生态。

智能配电内部应用方面，主要用于规划设计、物资采购、施工建设、运维检修、退役报废等配网全生命周期管理全过程，包括设备选型、防灾减灾、品类优化、型号审查、标准设计、项目管理、差异化运维、规范化检修、再利用、报废等重点方向。同时支撑规划建设、调度监控、故障抢修、客户服务等应用。

智能配电外部应用方面，主要应用于设计单位、施工单位、制造厂家、社会应用等全产业链上下游各环节，指导设计优化、设备选型、施工优化、应急抢修、设备优化、新产品研发、线路迁改、共建共享等。应用层的系统包括但不限于生产监控指挥中心、配网生产运行支持系统、生产管理系统、配电自动化系统等。

第三节　南方电网智能配电整体方案设计

智能配电整体方案紧密围绕南方电网"4321"建设目标，加强夯实配电系统基础研发与建设，以数字技术、智能技术协同构建管理平台与全域互联平台，全面开发、深化智能业务生态系统，通过强有力的保障体系建设南方电网智能配电系统。

聚焦于电网数字化、智能化，面向新型电力系统建设，基于全域物联网"云—管—边—端"架构，围绕配电业务场景，采用"系列传感＋边缘技术＋多类型通信＋数据融合"技术路线，智能配电为各类配电业务场景提供了系统的、实用化的、从终端到系统应用的整体解决方案，通过各领域终端数据的统一接入与管理，强化与各业务平台的密切协同，助力客户的设备价值、作业效率、管理效益的全面提升。

一、全面接入配电物联传感终端（终端层设计）

终端层是由大量的具有感知、通信、识别能力的智能物体与感知网络组成，承担着设备识别、数据采集以及信息传输等任务。终端层建设与业务应用深度融合，部署各类配电物联感知终端，利用物联部件和通信网络将各类业务终端接入全域物联网平台。通过全域物联网对智能配电站、智能开关站、智能台架变、电缆在线监测、架空线路在线监测、户外设备设施安全隐患监测预警等进行全面感知和采集，协同数据中心，实现各业务场景远程监测、设备运行评价分析、现场作业监控等业务需求，为运维管理、规划建设、客户服务方面的提供技术支撑。

在配电场景实际建设需兼顾考虑现有业务应用正常运行，针对新建平台以及需要进行设备改造和非设备改造的存量系统，确定可融入现有物联体系的方案。

（1）存量数据接入方案。基于数据中心集成计量自动化系统的配电变压器终端和智能电表数据。同时，通过物联网平台接入已建智能配电房的数据。通过系统集成，实现计量自动化系统的配电变压器终端和智能电表数据的应用，支撑配电变压器重过载、低电压等业务，见图3-3。

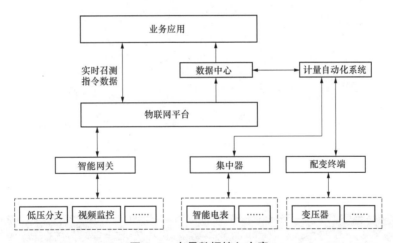

图3-3　存量数据接入方案

（2）增量接入方案。对于配电变压器监测终端和集中器达到退役年限的存量配电房和新建配电房，通过新一代融合配电变压器监测终端、集中器和网关功能的配电智能网关接入统一物联网平台实现数据接入。融合终端具备对末端电气量、设备监测数据的实时采集和就地处理能力，同时支撑计量抄表及线损管理等业务。根据增量建设方案，按照"经济实用、安全可靠"原则，稳步推进配电领域的物联网应用。不冒进、不求大而全，先区域、成建制试点，视成效后再按需推进，因地制宜开展推广建设。增量接入方案见图3-4。

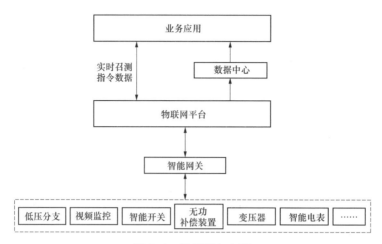

图 3-4　增量接入方案

二、部署云边协同配电智能网关（边缘层设计）

配电智能网关遵循南方电网公司数字化转型"4321"技术路线和"云—管—边—端"技术架构，是按照南方电网智能配电 V3.0 技术要求自主迭代研发的科技创新产品，集通信组网、信号采集、就地分析决策、协同计算等功能于一体，是智能配电网的关键核心设备。配电智能网关广泛应用于智能配用电、绿色能源、智慧园区、智慧工地等领域，支撑企业电能信息采集、配用电智能监控、源网荷储协同等业务建设应用。配电智能网关见图3-5。

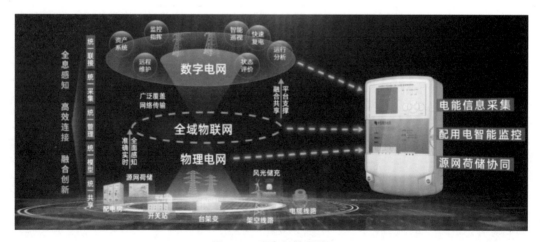

图 3-5　配电智能网关

配电智能网关遵循南方电网智能配电 V3.0 总体技术方案和发展路线进行迭代研制及应用：

第一代配电智能网关（一型网关）采集配电房低压出线分支电流、电压、设备状态、环境等信息，通过内部专网或无线公网的通信方式将数据上送至部署在 Ⅲ 区的全域物联网平台。

第二代配电智能网关（二型网关）在第一代配电智能网关的基础上，增加交流采样模块，采集配电变压器状态监测类信息，并与新一代集中器之间采用 RS485 或 232 等非网络通信方式实现数据融合（交互配电变压器监测数据、低压集抄数据）。

第三代配电智能网关（三型网关）将在第二代配电智能网关的基础上融合配电自动化终端和 TTU/ 集中器的功能，实现多终端融合为一，采集数据将统一送至全域物联网平台、计量自动化主站、配电自动化主站。

配电智能网关采用兼容南方电网公司计量终端外形设计，采用双核 1.35GHz 主频高性能处理器，内置 8G 存储空间，支持千兆以太网等多种有线无线接口，运行定制化嵌入式操作系统，支持多容器，支持边缘计算框架，是一款具有先进 IT 特性的电网应用设备，可以接入各类异构设备，满足业务应用场景需要，能适应电力业务应用快速部署投入应用，与物联网平台无缝对接，支撑电网业务末端数据融合，迭代更新提升。利用边缘计算技术，在网络边缘侧进行用电数据分析和智能计算，减少网络流量，提高响应速度。配电智能网关采用 LXC（Linux Container）容器，LXC 容器是一种轻量级的容器技术，面对电力业务应用开发，LXC 已经提供了足够好用的特性，相比 Docker 而言，LXC 容器不仅更为轻量级（事实上 LXC 是 Docker 所依赖的底层机制），同时也是当前流行的容器技术之一。配电智能网关设计有液晶显示屏、指示灯、导航按键、本地通信模块、远程通信模块、强弱电接线端子、4G 天线、北斗天线、蓝牙天线、SIM 卡安装。配电智能网关采用壁挂安装方式，可直接挂在安装位置上，拧紧螺丝即可完成安装。边缘计算框架见图 3-6。

三、建设安全可靠物联通信网络（网络层设计）

网络层是通过融合有线通信（光纤通信、电力载波等）、无线通信（4G/5G 通信、低

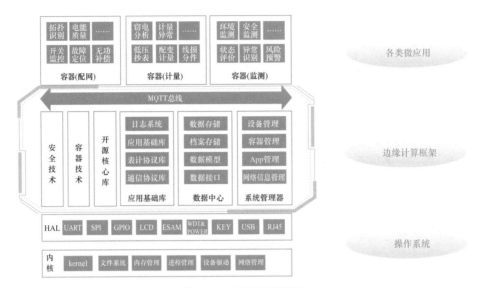

图 3-6　边缘计算框架

功耗无线专网等）、北斗卫星等各类通信技术，融合异构组网，按照业务需要提供信息传输管道。网络层建设内容见图 3-7。

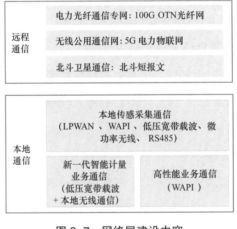

图 3-7　网络层建设内容

合理推进配网光纤专网建设。在光纤通信专网覆盖地区，应优先采用光纤通信网。光纤通信网以工业以太网技术为主，具有灵活的组网能力，可成环组网，满足 $N-1$ 可靠性、千兆宽带、毫秒级延迟，具有丰富的业务接口，满足大容量、低时延、高可靠、高安全性等要求。

在光纤通信专网未覆盖地区应优先采用公用通信。公用通信网主要指租用公网 4G/5G 通信通道。5G 相对 4G 可对智能配电网业务承载具有更灵活的适配性，如增强移动带宽场景（eMBB），单终端 10-100MBps 带宽承载能力，超高可靠低时延场景（uRLLC）提供网络端到端 10ms 级的时延能力。

在光纤通信专网和公用通信网未覆盖的偏远地区，可采用北斗卫星通信。北斗卫星通信是利用北斗短报文功能进行数据传输，通过建设统一的南方电网北斗地面中心，统一接收短报文信息，解决小水电、新能源发电站信息采集、线路信息采集、应急通信等业务需求，通过电力专用网络将信息传给各业务系统。

建设安全贯通的通信网络。关键特征为"全面贯通、高速宽带、开放泛在、应急保障"。为遵循"统一规划、统一标准、网络互联、资源共享"原则，加强电力通信基础设施建设。构建大容量、安全可靠的光纤骨干通信网，泛在互联的配电通信接入网，满足全面感知、高效互动、智能决策控制的数据传输需求，保障电网安全稳定、灵活可靠运行。

四、构建配电智能互联应用平台（应用层设计）

按照南方电网公司数字化转型和数字电网建设统一部署，全面推进关键技术平台和各大业务平台的建设，对传统电网进行数字化、智能化建设与改造，遵循网络安全标准和统一电网数据模型构建相对应的数字孪生电网，用先进的数字技术平台，以"计算能力＋数据＋模型＋算法"形成强大的"算力"，依托物联网、互联网打通电网相关各方的感知、分析、决策、业务等各环节，提升超强感知能力、明智决策能力和快速执行能力。同时，紧扣安全生产本质，按照"价值导向、标准引领、安全可靠、事件驱动、云边协同、共享开放"的总体要求，以问题和目标为导向，围绕技术升级和数据赋能两个要素，南方电网整合众多在线监测系统功能，建设全网统一的生产运行支持系统（含输、变、配），强化数据驱动，推动业务智能，通过"数字技术＋业务优化"双轮驱动生产管理模式变革，实现"运行巡视远程化、检修试验精准化、分析决策智能化、风险管控透明化"。

1. 协同建设全域物联网平台

基于南网云全面建成南方电网全域物联网平台，实现全域终端数据标准化统一接入、统一采集、统一管理。全域物联网平台提供大规模终端统一标准化接入和管理能力，支撑终端数据向数据中心的秒级汇聚。全域物联网平台基于统一电网数据模型，实现终端数据与电网设备的融合，与数据中心和电网管理平台形成有机整体，建立终端安全可信接入体系，支撑物联网平台的安全有效运转和应用。全域物联网平台由连接管理、设备管理、应用使能和运营支持四大模块组成，通过开放的接口，向下接入各种传感器、终端和网关，向上为数据中心提供数据，协同支撑业务应用。物联网平台功能架构见图 3-8。

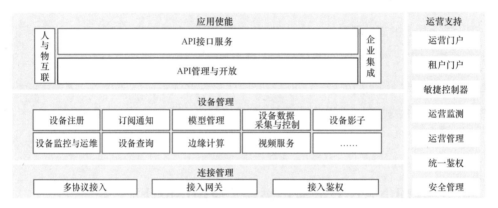

图 3-8　物联网平台功能架构

2. 开展智能配电应用场景建设

梳理配电领域典型场景，实现对现场监测终端数据的统一采集和管理，因地制宜逐步开展试点建设和推广应用，形成规模化应用效应。结合智能配电房 / 智能台区、架空线故障定位、电缆在线监测、防涝防触电监测等业务场景，对边缘计算与云边端协同的应用需求，基于全域物联网平台，应用云计算、人工智能、边缘计算、5G 等技术，开展云边端协同技术应用研究，支撑配电网各场景业务应用实时分析、决策需要，提升供电可靠性和客户服务水平。

3. 建设全网统一的生产运行支持系统

生产运行支持系统（配电）定位为支撑配电专业日常运维控制类业务，在原智能配网运行监控系统功能基础上迭代升级。系统为电网管理平台提供智能终端类（除人工外）感知、分析、预测成果，辅助运维人员开展日常运维管理工作；为生产监控指挥中心提供分析预测和智能终端控制执行支撑，辅助生产监控人员开展日常监盘、指挥决策工作。

生产运行支持系统（配电）采用统一的技术架构，以物联网平台数据采集为基础，以数据中心、人工智能平台和南网智瞰为支撑，采用统分结合的方式部署。其中云端系统与电网管理平台、客户服务平台、调度运行平台开展数据共享、业务融合，按需在供电局巡维中心部署边缘节点功能，协同实现"服务决策层、支撑管理层、解放作业层"的目标，全面支撑配电实时运行、告警、预测、辅助控制类应用需求，各类功能需求如下所示。

（1）配电网运行状态全感知。基于营配调信息数据共享实现中压乃至低压配网运行数据的全面感知、运行状态监测、故障的快速研判和准确定位。基于计量数据实时感知配电网负荷分布情况，推动实现配电变压器负荷精细化管控、分界点精益线损分析。结合低压台区拓扑结构完善以及故障信息的采集，实现故障的快速准确定位以及故障研判。

（2）配网设备智能化运行评价。基于电网管理平台推进配网设备运行评价智能化应用，实现配电网设备供应商登记注册、物资采购、质量品控、运行维护等全业务全流程智能化管控，并通过设备状态评价评估智能模型算法，最终实现配网设备运行评价"数据一键获取""结果一键评价"的智能化应用目标。

（3）推行配电智能运维。基于智能配电网数据全域感知共享，和设备状态体系评价，实现设备风险评价和差异化运维策略系统自动生成，实现运维检修向主动差异化运维转变；基于物联网技术和南方电网公司统一物联网平台开展配电智能运维功能建设，实现配网智能设备、传感器、网关设备、自动化终端的接入管理，远程远维升级等工作；优化停电池研判规则，将故障研判能力向低压延伸，实现低压总分路、户表停电主动告警，支撑从用户报障抢修向主动抢修转型。

（4）提升电能质量水平。推广电能质量在线监测物联终端，快速感知电能质量信息，构建敏感用户优质供电增值服务方案；建立电能质量综合治理体系，使用配电变压器档位调整、投切无功补偿装置、电能治理综合治理装置、负荷换相等治理措施，开展高、低电压与重过载、三相不平衡以及低电压台区治理；优化电动汽车、分布式电源等新元素接入配网的电能质量监测及治理。

（5）推进配网运行监控管理体系。持续完善配网 OCS 功能，按照《配电主站自愈技术推广实施方案》要求推广建设电主站自愈功能，试点开展配网自动电压控制等新技术应用研究，做好配网 OMS 与电网管理平台对接，梳理相关流程及数据接口，确保业务平稳过渡。生产运行支持系统（配电域）应用架构见图 3-9。

图 3-9　生产运行支持系统（配电域）应用架构

第四节　目标、作用和意义

一、智能配电建设目标

智能配电网建设聚焦配电设备本质安全，以保障各区域供电可靠性与设备可靠性为基础，以自动化、智能化手段提升配电网设备状态自我感知能力为抓手，以智能化高级应用，提升电网灵活性，支撑分布式能源柔性调度为重心。

以"简单、经济、适用"为原则，以可观、可测、可控为目标，支撑电网业务横向协同、纵向贯通，实现资源调配精细化、过程管控可视化、业务支撑一体化，稳步提升配网安全水平和供电质量，提供可靠、便捷、高效、智慧的新型供电服务。

1. 总体目标

根据《南方电网公司"十四五"发展规划和 2035 年远景目标展望》，加快建设现代化电网，推动现代能源体系构建的总体要求，要聚焦基础设施高质量发展，提升配电网装备水平，全面推进配电网数字化、智能化建设，加快建设"灵活可靠、可观可控、开放兼容、经济适用"的智能配电网，不断增强电网平台资源配置、优质供电、柔性控制、安全保障能力，促进电力源网荷储循环畅通、多能协同互补。同时，为服务国家乡村振兴战略实施和碳达峰、碳中和目标，推进新型电力系统示范区建设，以南方电网公司"十四五"电网发展规划为基础，要持续加强新型城镇化配电网建设，巩固提升现代化农村电网规划建设工作。

智能配电建设按照资产全生命周期管理及客户全方位服务理念，以"简单、经济、适用"为原则。建设可观、可测、可控的智能配电，推广配网自愈技术、智能配电房、智能低压技术、平台建设等业务应用，支撑业务横向协同、纵向贯通，实现资源调配精细化、过程管控可视化和业务支撑一体化，稳步提升配网安全水平和供电质量，提供可靠、便捷、高效、智慧的新型供电服务，为南方电网高质量发展、成为具有全球竞争力的世界一流企业奠定坚实基础。

2. 阶段目标

第一阶段：2021 年，完成智能配电顶层规划，建成生产运营数字化支撑平台，打造一批智能配电示范区。建立智能配电业务标准和技术体系，推广应用智能装备，完成电网管理平台（资产域）建设、完善全域物联网、生产指挥中心，核心数据全面贯通。进一步优化完善中低压配电网智能元器件配置原则，推动智能配电 V3.0 标准设计落地。完成示范区智能配电基础建设，通过全域设备状态感知数据，在示范区所辖班组初步形成精准巡维、状态检修的智能运维体系，实现示范区域配电网故障自愈，为全面建设和推广做好理论和实践支撑。

第二阶段：2022~2023 年，基本建成智能配电。实现配网重点设备态势感知全面覆盖，配网业务全面实现智能化及流程动态优化，建立业务高效运转体系，支撑企业高效运营。基本实现以智能配电网为基础的新一代智能化运维体系，形成最小化人工运维模式，全面提高作业和管理效率，进一步建设主配协同、营配联动的快速复电体系，提升精准客户服务水平。

第三阶段：2024~2025 年，全面建成智能配电。建成开放共享的智能配电，实现数字应用智慧化，全面支撑配电生产、营销、调度、规划、安全业务管理升级，融入"数字政府"建设，对接上下游设备制造商、配售电商、能源终端用户等能源产业链各方，整合并共享产业链资源。

二、建设作用与意义

南方电网公司深入贯彻党中央关于数字中国建设、能源革命等国家战略，基于我国电网和能源发展趋势，提出加快建设"安全、可靠、绿色、高效、智能"现代化电网、构建新型电力系统，推动实现电网新形态、电网企业新业态和能源产业新生态，这是南方电网公司落实国家战略的实践成果。为实施公司智能电网、数字电网规划建设战略，抓住产业数字化、数字产业化赋予的时代机遇，需要加快实现以供电可靠性为总抓手，融合"云大物移智"等新一代技术，实现配电网的运行透明、管理透明和精准客服，同时升级传统功能、赋能配电网全链条业务，助力企业数字化转型和构建清洁低碳、安全高效的现代能源体系。

1. 建设作用

（1）运行透明、管理透明和精准客服。

智能配电主要功能特征是利用传感技术、通信技术、可视化技术，将物理电网结构特性、生产运行业务信息进行直观呈现，瞄准配电网的"停电在哪里、负荷在哪里、低电压在哪里、风险在哪里、线损在哪里"等问题，提高配电网的感知能力，实现配电网的物理透明、运行透明和管理透明。

感知"停电在哪里"。一是实现停电设备的主动感知、故障的快速研判和精准定位等功能。实现管理数据、实时状态数据及基础数据的深度融合，强化营配调信息数据共享，实现中压乃至低压配网故障的快速研判和准确定位；二是实现故障停电信息快速推送至运维抢修人员和95598客服中心，推动"主动抢修"以及"主动告知"服务的实现。

感知"负荷在哪里"。 一是通过各种技术手段实时感知配电网负荷分布情况，推动实现配电变压器三相不平衡负荷精细化管控；二是根据线路在不同期间、不同时段的负荷水平动态调整运行方式，为实现源头治理提供有力支撑。

感知"低电压在哪里"。 进一步整合计量自动化、电压监测及生产、营销、调度系统等业务域数据，获取配电变压器状态数据，合理依托智能电表数据扩大电压监测范围。使用配电变压器档位调整、投切无功补偿装置、电能治理综合治理装置、负荷换相等治理措施，开展高、低电压与重过载、三相不平衡以及低电压台区治理。

感知"风险在哪里"。 一是掌握配电网主要设备运行状态，实现设备状态的趋势预警和设备状态分析模型的构建，减轻人员劳动强度，依托新技术手段差异化推进配电网有效运维，在减少运维人员的情况下很好地保障线路和设备运行的可靠性与安全性；二是实现作业前获知设备全生命周期历史缺陷及阶段性状态信息，提前研判风险，辅助实现配电网作业"心中有数"。

感知"线损在哪里"。 一是通过采集配网数据信息，全面感知中低压配网线损分布；二是通过海量数据挖掘分析与人工智能技术等，自动辨识线损异常情况，及时发现设备缺陷、隐患，主动预警。

（2）升级转型与业务赋能

为抓住产业数字化、数字产业化赋予的时代机遇，需要做好智能配电角色升级转型，在保留传统功能的同时，充分利用数字化、智能化技术赋能配电网全链条业务。

管理观念转型为"管设备、管数据"双管齐下。 要牢固树立"数据主线"的意识，在设备底层充分挖掘数据、在各业务链条充分使用数据、在后端充分运营数据，着重提升数据的结构化、精细化、可视化，及时配套专业高效的数据管理制度与管理人才，让数据成为各要素之间流淌的血液以及站内的重要资产。

主要决策逐步转移至数字大脑。 数据不仅要"跑起来"，更要"用起来"。数据在设备上的智能终端、全域物联网平台的智能网关以及电网管理平台之间交互，实现状态的实时感知和实时控制，数据在连接设备与设备之间的纽带中充分流动，通过数据的分析与应用实现故障提前预报、检修提前决策。

赋能常规业务更加协同高效。 以智能电网、数字电网为基础的智能配电网具有经济高效的特性，数据数字技术、智能技术贯穿全业务链条，借助数据实现业务融合于数字生态，所有信息均可数字化呈现、智能化分析，实现常规业务的协同高效进行。

数字资产赋能产业生态。 实现设备智能化、业务数字化、管理智能化，构建以配电网管理生产数据为核心的数字生态。通过对接工业互联网，提升电力装备制造水平，加速垂直产业链和跨产业链整合与互动，构建能量流、信息流与价值流高度融合的能源产业生态，推动现代能源电力技术与"云大物移智链"等新一代信息技术的跨界融合，构建新技术、新模式和新业态的创新生态。

2. 建设意义

智能配电网的建设形成了基于物联网技术应用的配电智能网关、系列传感、通信网络、系统平台等产品框架体系，形成了一系列具有自主知识产权的产品、技术和标准，确立了南方电网基于南网云的智能配电网建设领先地位。其建设意义包括：

（1）"云大物移智"技术将深植基层配电网管理全过程，建立相应制度与之匹配。逐步形成智能运维模式，依托新技术手段差异化推进配电网有效运维，实现设备缺陷、隐患等风险的提前研判，辅助实现配电网作业"心中有数"。

（2）传统配电网结构的全面技术创新，将加快推动向国家一流配电网发展，必将带来管理思想、管理理念、管理行为的全面革新，提升"获得电力"指标，提升电力营商环境水平。提供更优质可靠的供电质量，为客户创造更多价值。

（3）制定了统一的标准和规范，《标准设计 V3.0》采用整体性思维和系统化的方法，统一有关技术规范及设备接口标准问题，搭建起了智能配电网完整系统框架，为后续的工程提供了标准和示范，有效解决了各类智能技术应用过程中统一架构问题，极大优化了传统的配网建设和运维模式，节约了社会成本，促进了整个行业快速、健康发展。相关成果对配电系统后续的技术研发、产品制造等具有重要指导意义。

（4）积累了各类配网物联终端设计、研发、运行、调试、运维等相关经验，锻炼了科研队伍，完善了科研设施，解决了关键难题，为后续相关项目的改进和建设增强了技术支撑能力。

（5）高效云边协同，促进生产监控模式转变。应用容器化部署技术集中管理人工智能算法，通过物联网平台将人工智能算法向边缘侧设备配置并管理，大幅提升工作质量效率。

（6）助力数字中国和网络强国建设。把握数字时代发展趋势和机遇，积极融入数字中国、网络强国、智慧社会建设，以数字电网为引领，统筹推进电网数字化、服务数字化、企业数字化、数字产业化，促进技术与业务发展深度融合、协同创新，推动将公司打造成为数字经济体，充分发挥能源电力大数据"生产要素"资源优化配置、集成关键作用和"算力＋算法"叠加倍增效应，创新彰显数字电网价值，赋能南方电网高质量发展，加快推动能源生态构建。

第五节　本章小结

本章明晰智能配电的内涵和"灵活可靠、可观可控、开放兼容、经济适用"的基本特征，基于"4321"数字化转型确定技术路线、构建基于南网云和全域物联网平台建设的现代化智能配电技术的架构，通过夯实系统基础、协同构建平台、深化智能业务、强化保障体系完成南方电网智能配电整体方案设计。

第四章

智能配电关键数字化技术

随着电网数字化、智能化发展，传感技术、通信技术、可视化技术等不断融入配电网建设中，通过将物理电网结构特性、生产运行业务信息进行综合、直观呈现，解决配电网的"停电在哪里、负荷在哪里、低电压在哪里、风险在哪里、线损在哪里"等问题，推动配电网向"运行透明""管理透明"和"精准客服"的方向转变。

智能配电网以灵活可靠配电网架为基础，通过实时稳定的传输手段，开展智能配电技术应用，以安全可靠和灵活高效为发展目标，按照各地区实际情况开展差异化建设。通过物联网、微传感、RFID、图像识别等智能技术与电网设备的融合应用，实现对配电网状态全感知、状态全管控，提升配电网的装备智能化水平，有力支撑电网数字化转型和智能电网建设。

第一节　配电物联传感技术

　　传感器是将物理特性的输入信号转换为电气输出的装置，一般由信号感知与调理、信号处理、通信及电源 4 部分组成。我国非常重视智能传感技术的发展，电流、压力、温度、图像等传感器产品，以及新型传感材料、微纳传感器设计加工等技术的不断进步，磁阻传感、光纤传感、低功耗传感网等技术的快速发展，为电力智能传感器的推广应用打下了基础。

一、传感体系建设

　　智能传感器首先借助于其敏感元件感知待测物理量，通过调理电路获得物理量并将之转换成相应的电信号。面向能源互联网的发展建设，根据被测对象量特征，电力传感器可分为电气量传感器、非电气量（状态量）传感器、环境量传感器及行为量传感器等。根据功能定位，可将智能传感器分为以下五类：

　　（1）环境监控传感：配置环境温度、湿度、SF_6 气体浓度、臭氧浓度、烟雾、火灾、水浸、噪声等在线监控装置，实现对智能配电站内环境参数的实时监测。

　　（2）视频监控传感：通过视频拍摄配电站室内情况、人员活动情况以及设备上指针表、信号灯和开关变位信号，实现对配电站环境和设备状态的主动记录和预警告警。

　　（3）安防监控传感：配置门禁、防误操作装置以及视频 AI 识别，实现对电房内设备、人员的安全工作状况的实时监控。

　　（4）设备状态监测传感：配置温度传感器、局部放电传感器、测温采集装置、局部放电采集装置，实现对变压器、中低压柜的温度、局部放电等状态量的实时监测。

　　（5）电气保护测控传感：中压保护测控参考配电自动化标准设计执行。低压保护测控通过配置配电物联电气传感终端实现采集低压回路电压、电流等数据并上传，通过数据分析将三相不平衡、低压线路过载、缺相、断零故障等信息上传主站系统并告警等功能。对智能无功补偿设备电容器组投切状态，低压开关分合状态、故障信号实时采集和上传。直流系统通过配置监测设备监控每节蓄电池的电压、电流、温度、内阻、容量等参数，并可实现阀值设置和告警。

南方电网公司基于当前智能传感技术最新研究进展，融合磁阻传感技术、小微传感技术、光纤传感技术、低功耗传感网技术等先进技术手段，基于南网数字化转型"云—管—边—端"技术架构，逐步构建覆盖电气保护测控、设备状态监测、环境监控、视频监控、安防监控等全类型的配电物联传感终端体系，推动终端标准化建设和统一物联生态圈建设。

二、统一物联标准化建设

随着配电物联传感终端体系逐渐丰富，亟待开展统一物联标准化建设，确保各类物联传感终端能够互联互通，各类设备实现即插即用，有效支撑智能电网建设。有鉴于此，为贯彻落实数字中国建设及新基建战略部署，响应数字化转型工作要求，南方电网公司遵循"4321"与"云—管—边—端"技术架构，坚持以"问题、目标、结果"为导向，以业务实用实效为驱动，按照"聚焦重点、精准突破，需求牵引、强化赋能，统筹协同、共建共享"的原则，全面开展物联网平台层、边缘层、终端层标准化建设，逐步构建智能电网统一物联终端标准体系，持续提升智能电网物联终端设备标准化水平。

（1）进一步完善全域物联网标准和安全防护体系，打造全网统一的终端物模型库和物联微应用商店服务，对上提供标准化接口服务业务应用，对下通过标准化协议实现采集终端、智能网关等设备的连接交换，支持终端数据的统一采集、监测和远程运维。完善对智能配电终端物模型的定义，完成配电统一终端物模型设计、评审及规整存储。基于物联网平台打造全网统一的终端物模型库，具备由主节点下发到分节点的能力，实现对物模型的统一管理和维护，规范终端设备接入物联网平台的数据格式和信息内容。

（2）推动产业生态标准建设，实现智能终端统一操作系统、统一连接标准和统一通信接口建设，向下支撑海量物联终端设备的快速接入，向上实现各业务场景所需数据的高效输送。基于标准体系建设成果，建立统一物联产业链生态、产业链平台、产业链生态激励机制，通过"标准先行、技术引领、源头治理、综合施策"，形成上下游产业的优良生态圈，推动研发成果快速应用示范。

（3）针对目前各类传感终端技术参数、规格尺寸、通信规约不统一，数据无法互联互通的问题，通过优化物联终端设备型号、规范技术标准、完善设计选型等举措，提升物联终端标准化与通用性。一是基于前期智能电网建设推进过程中存在的问题，进一步梳理规范物联终端设备与型号品类，开展设备品类迭代优化工作，明确不同场景物联终端配置原则，同步固化物联终端物模型规范与实物编码要求。二是依据物联终端设备品类优化结果，针对物联终端设备外形尺寸、通信接口、规约点表等方面，全面开展标准化技术规范书修编。三是结合物联终端设备品类优化和技术规范书要求，优化修编典型设计，强化设计、建设、运维、物资等技术标准贯彻落实。

三、智能传感关键技术

1. 磁阻传感技术

在电力系统的导线上，由于电流的存在，在导线的周围将会产生磁场，通过电阻的大小感知磁场的大小，就可推算出电流大小。巨磁电阻传感器件测量电流的示意图如图 4-1 所示。

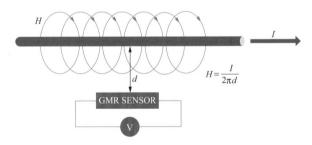

图 4-1　巨磁电阻传感器件测量电流示意图

由于巨磁电阻传感器件的响应速度很快，磁滞小。通过上述原理，基于巨磁电阻的电流传感器可以测量电网中从直流到冲击电流的各种频率的电流，包括发电站、变电站、交流线路和用户侧的正常运行工频电流，直流换流站和直流输电线路的直流电流，绝缘子和避雷器上的漏电流，电力系统的雷击过电流和短路电流，以及交流系统与直流换流站中的基波电流和各高次谐波电流等。根据不同的应用场合，可以选择不同参数的巨磁电阻电流传感器满足相应要求。

在实际的电网电流传感中，传感器系统主要分为 4 大模块：传感模块、信号处理模块、数字处理模块和供能模块。

传感模块作为这个传感器系统的核心，主要功能为将电流产生的磁场精确地转换为电压信号。信号处理模块主要负责将传感模块的电压进行滤波调制处理，同时经过 A/D 转换，转换为数字信号。数字处理模块主要负责数字信号的传输处理，同时可进行数字信号调制，作为模拟信号处理的补充，通常电网的被测点电压等级非常高，为了安全的传输信号，通常需要进行高低电压隔离，因此可因地制宜采用光纤或无线传输数字信号。功能模块为整个传感器系统提供电源，常用的有线圈取能、太阳能 + 锂电池取能或激光取能模块，考虑到传感器的成本及可靠性，目前一般采用太阳 + 锂电池取能。

在高级量测应用中，还为传感器系统开发了完整的软件系统，将数字处理模块传输过来的数字信号进行实时显示及完整的分析，并提供预警功能。巨磁电阻电流传感器系统组成图见图 4-2。

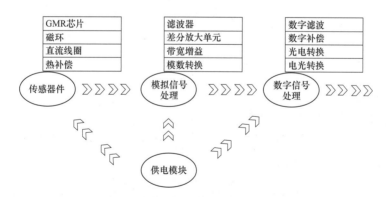

图 4-2　巨磁电阻电流传感器系统组成图

2. 小微传感技术

在先进磁阻传感技术研究基础上，南方电网公司立足智能电网的发展需求，重点关注电力传感器发展中存在的性能、功能瓶颈以及对智能电网基础数据全面采集的支撑作用，以打造满足电网发展需求的即贴即用微型电流传感器等为目标，结合先进的芯片、传感和嵌入式技术开展技术攻关，提出了微型电流传感器的创新架构，研发了基于磁电阻芯片阵列的粘贴型电流传感技术，突破了传统电流测量的技术瓶颈，研制了等电位的粘贴型微型电流传感器，实现了电流测量技术的跨越式发展。

（1）基于多磁电阻芯片阵列的粘贴型等电位微型电流传感技术架构（如图4-3所示），突破了"传统互感器＋测控装置"技术架构的技术瓶颈，采用芯片化单一装置集成实现了信号转换、采集、处理、无线通信和自供电，首创了粘贴型、等电位、非侵入式的数字化电流测量技术架构，大大降低了电流测量系统的体积和复杂度。

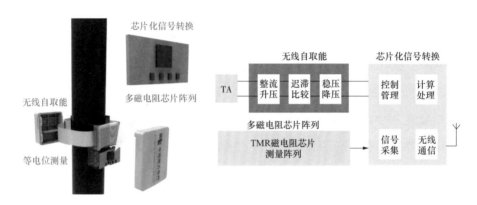

图4-3　等电位微型电流传感器技术架构图

（2）考虑复杂干扰场中多源磁场分布和多测点协同误差平衡的电流源空间位置及动态参数快速反演算法，攻克了宽频域磁场测量的快速噪声判别和干扰分离技术；基于传感芯片阵列和温敏反馈的实时精度校准和动态保持方法，实现了宽频域、宽量程下0.5S级的高精度电流测量。针对基于空间磁场测量易受空间电磁干扰影响，提出了基于天平原理的宽频域空间电流测量抗干扰技术路线。

（3）研制出国际首套基于磁电阻芯片的全电压等级高精度、微瓦级、自取能的粘贴型微型电流传感器，提出了大动态范围信号自适应调理算法，发明了光耦自动控制的宽范围取能调理电路，突破了制约微型化自供电智能电流传感器测量精度、频响、抗干扰、低功耗等性能的技术瓶颈。针对适合海量部署的电网基础数据采集需求，基于等电位粘贴型微型电流传感器技术架构，创新性提出微功耗、自取能的软硬件协同技术架构，硬件上提出适用柔性抱箍等能量源的微功耗能量收集方案，软件上提出自适应匹配传感器功耗、取能能力、功能性能的电源管理方案，实现了粘贴型微型电流传感器从测量算法、自供电、软硬件系统和结构等的高效集成，研制出国际首套尺寸 3cm、量程 2400A、精度 0.5S 级的粘贴型微型电流传感器。粘贴型微型电流传感器见图 4-4。

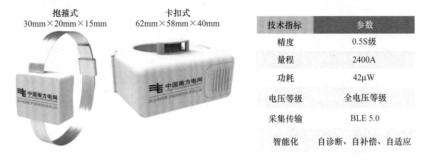

技术指标	参数
精度	0.5S级
量程	2400A
功耗	42μW
电压等级	全电压等级
采集传输	BLE 5.0
智能化	自诊断、自补偿、自适应

图 4-4　粘贴型微型电流传感器

（4）提出了基于蓝牙协议的无线时间同步方法，基于"粘贴型微型电流传感器＋智能网关＋物联网平台"的智能配电物联网数据采集解决方案，实现配电网负荷、变压器负载率、三相不平衡、故障等运行状态的监测，提升电网运行管理水平。针对广域分布式安装的海量微型智能传感器数据采集与智能分析需求，提出了基于蓝牙协议的无线对时方法，研发用于微型智能传感器接入的无线集中器／模组，完成"粘贴型微型电流传感器＋智能网关＋物联网平台＋生产运行支持系统"的集成化应用，实现配电网设备状态在线实时感知，支撑了智能电网的建设与实现。

3. 光纤传感技术

随着光纤通信技术的快速发展，光纤传感技术同样发展迅速。光纤传感技术以光波为载体，以光纤为介质，感知和传输外部测量信号。传输介质光纤和在光纤中传播的光波具有其他介质和载体无法比拟的一系列独特优势。在一定条件下，光纤特别容易被测量，是一种优良的敏感元件；光纤本身不带电、体积小、重量轻、易弯曲、抗电磁干扰、抗辐射性好，特别适合在电力系统中应用。电力通信网络中的光纤不仅是电力通信的载体，也是线路在线监测中光纤传感的载体。因此，光纤同时具有"传输"和"传感"两种功能。

光纤传感技术可以分为分布式传感技术和准分布式传感技术。

分布式光纤传感技术根据散射效果的不同分为——瑞利散射、布里渊散射、拉曼散射。瑞利散射作为分布式光纤中最强的散射，对温度和应力的变化不敏感，因此主要用于光纤线路中的损耗测量。布里渊散射光与入射光相比具有频率变化，因此布里渊散射可以同时测量温度和应力。与前两者相比，拉曼散射是温度测量应用中最为成熟的传感技术，但拉曼散射的固有缺陷是信号较弱，难以满足传输线等长距离传输。分布式光纤传感技术的三种散射方式各有优缺点和应用范围。

准分布式传感技术的典型代表是光纤光栅传感技术。光纤光栅是一种利用光纤的光敏特性在纤芯内形成周期性折射率分布的光学器件，能够反射回要测量的特定波长。

4. 低功耗传感网络技术

电力系统单点传感数据价值低，聚合后的价值高，传感网络是实现数据聚合和阵列感知的基础。目前的电力传感长距离主要采用电力线载波、无线专网和 4G/5G 移动通信等技术，本地传感网络主要采用 ZigBee、蓝牙、工业 Wifi 等无线通信方式。为满足低速、低能耗和高分散功率传感器连接的要求，低功耗广域网（LPWAN）技术逐步得到研究与应用，低功耗广域网是一系列低功耗、低成本、广覆盖、大连接的通信技术，主要包括超长距离低功耗数据传输技术（LoRa）、Sigfox 等非授权频段网络，窄带物联网（NB-IoT）等技术，能够提供多参数感知的组网和通信技术解决方案，全面支持电力系统缺陷诊断和准确预测等。

（1）NB-IoT 技术。NB-IoT 是 3GPP 组织定义的国际标准，是一种基于授权频段的新型蜂窝网络窄带物联网技术。NB-IoT 主要具有低功耗广域网大连接、广覆盖、低功耗、低成本等特点，通过使用 180kHz 窄带系统，具备基带复杂度低、采样速率低，缓存要求小、射频成本低等特点，整体上有效降低了 NB-IoT 模块的成本。此外，NB-IoT 可以通过升级现有网络设施完成网络部署，大大节省了网络部署成本，有利于推动行业发展与技术应用。

（2）LoRa 技术。LoRa 技术是一种基于非授权频段的低功耗广域网技术。与其他同类型技术相比，LoRa 技术的行业应用相对成熟。目前国内已在无线抄表、节能灌溉、环境监测等行业开展了广泛应用研究。LoRa 技术不仅具有低功耗、低成本、大容量、远距离、广覆盖等特点，还具有网络结构简单、易于部署等优点，可同时满足室内外定位。LoRa 技术采用自适应数据速率、最大优化数据速率、输出功率、扩频因子、带宽等，能够有效降低功耗。

（3）Sigfox 技术。Sigfox 是一种基于非授权频段的 LPWAN 技术，同时也具有低功耗广域网的基本特点—低功耗、低成本、大连接、广覆盖。Sigfox 通过采用 UNB 技术，以预设消息带宽、速率的方式，有效提高网络的广域覆盖和传输距离。同时为了进一步降低功耗，Sigfox 降低了协议的复杂度，限制了数据类型和大小，从而有效实现更远的传输距离、更广的网络覆盖、更低的成本和功耗。

第二节　配电智能网关技术

电力全域物联网体系架构下，智能网关作为电网云计算和物联网平台的核心边缘节点，承担着营配调业务终端的数据接入、规约转换、网络互连、协同应用等重要任务。按照南方电网公司数字化转型技术路线，基于"云—管—边—端"技术架构，配电智能网关融合配电台区远程监测运维、配电台区供用电信息采集、各采集终端数据收集、设备状态监测及通信组网、就地化分析决策、协同计算等功能于一体，具备快速接入、运维便捷、本地智能等特点，能够满足具有不同协议、接口、数据格式的各类异构终端接入统一的全域物联网平台。

一、配电智能网关产品迭代

第一代配电智能网关采集配电房低压出线分支电流、电压、设备状态、环境等信息，通过内部专网或无线公网的通信方式将数据上送至部署在 Ⅲ 区的全域物联网平台，其数据接入方式如图 4-5 所示；第二代配电智能网关在第一代配电智能网关的基础上，增加交流采样模块，采集配电变压器状态监测类信息，并与新一代集中器之间采用 RS485 或 232 等非网络通信方式实现数据融合（交互配电变压器监测数据、低压集抄数据），其数据接入方式如图 4-6 所示；第三代配电智能网关将融合配电自动化终端、配电变压器状态监测终

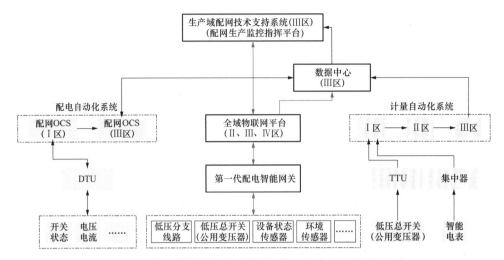

图 4-5　第一代配电智能网关数据接入方式（物理流向图）

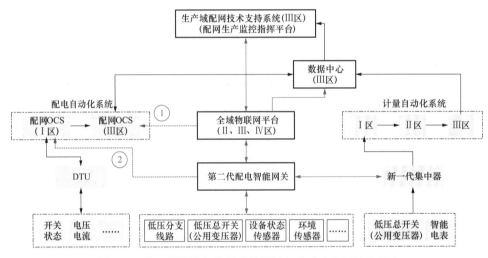

图 4-6　第二代配电智能网关数据接入方式（物理流向图）

端、集中器和第二代配电智能网关的功能，采集数据将统一送至全域物联网平台，其数据接入方式如图 4-7 所示。

　　经过持续的产品迭代升级与重点攻关，目前智能配电网关已支持 ModBus-RTU/TCP、101、104、DL/T 645、南网计量上行规约等多种通信规约，满足环境信息采集、安防监控、电气保护测控、视频监控、设备状态采集等多个业务领域的数据接入需求。具有丰富的外部接口，包含 5 个 RS485 接口和 1 个 RS232 接口，同时支持基于国际蓝牙标准协议 BLE4.1 开发的自组网通信和连接协议，并且和 RFID 识别技术（或者二维码识别技术）相结合，可实现传感设备安装、上电、自动连接、自动识别、自动注册和上

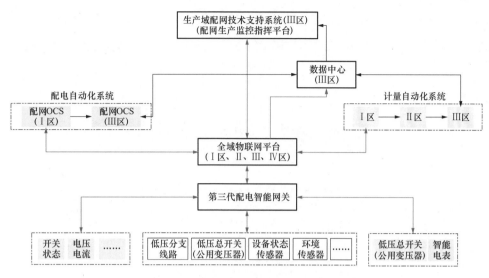

图 4-7　第三代配电智能网关数据接入方式（物理流向图）

线等操作自动化，不再需要传统现场设置通信参数、点表以及线路拓扑等工作，使得部署工作仅需普通电工即可完成。在本地通信方面支持电力宽带载波通信、窄带载波通信、微功率无线通信、宽带双模通信、窄带双模通信、光纤以太网通信等多种通信方式，可满足不同南向设备的灵活接入需求。网关支持包括温湿度传感器、烟雾传感器、水浸传感器、门状态传感器、配电物联电气传感终端、网络摄像机、变压器状态量传感器在内的多种传感器的即插即用。

二、配电智能网关技术架构

配电智能网关整体采用统一的软硬件平台设计架构，具备即插即用、模块自动识别、远程安全升级等功能。采用 Linux Container 轻量级虚拟技术，屏蔽硬件差异，提供符合 POSIX 标准的 C 库，方便应用的开发移植。内部采用嵌入式实时数据库，方便不同业务之间的数据共享，解耦应用间关联，支持按业务或功能的小粒度进行升级或部署。为未来新增 App 功能留有足够的扩展冗余，考虑"硬件平台化、软件 App 化、升级维护云化"原则。核心硬件支持容器技术、边缘计算技术。

配电智能网关专为工业严酷环境设计，处理器内核为 700Mhz 的双核 ARM Cortex A9。采用"核心板 + 底板"的结构，通过软硬件接口连接相应的输入 / 输出组件，完成通

信、数据加密等功能。内置工业级 LTE 模块,支持全网通,提供大带宽、低延时的无线访
问能力,并提供丰富的本地接口,可连接串口设备、网络设备。硬件架构图见图 4-8。

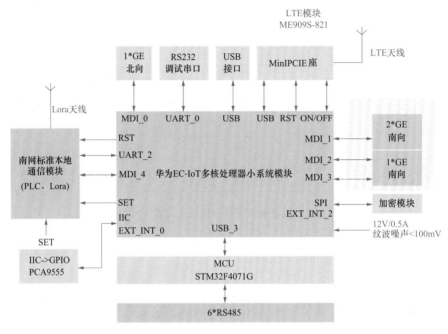

图 4-8　硬件架构图

配电智能网关的软件结构整体如图 4-9 所示,底层采用统一的网关操作系统,其具有
高度模块化和高度自动化的特点,一方面可为配电智能网关核心功能的实现提供基础支撑
能力,另一方面可面向未来的生态开放,提供一系列便捷高效的工具以满足网关功能拓展
与定制化开发的需求。中层基于 docker 容器技术、安全技术为网关的边缘计算功能提供
支撑,边缘计算由云端管理系统、本地核心节点或普通设备组成,云端系统负责设备管理、
配置设备驱动函数和联动函数、设置消息路由等功能,本地核心节点提供本地计算、消息
转发、设备管理和通信功能,系统基于 LINUX 操作系统和开源边缘计算框架重新定制,云
端可轻易将本机容器化应用编排和管理扩展到边缘段设备,从而实现云边可靠协同、边缘
离线自治、边缘设备管理等功能。通过边缘计算框架,可在数据采集方面实现一次采集,
处处使用,在数据存储方面实现数据和时间的尺度统一化,在数据供应方面实现将数据安
全可靠且方便地供应到上层应用。上层则基于配电智能网关微应用总体架构,通过基础
App 和业务 App 的形式实现终端所需的各项业务功能,满足配网、计量、监测等各种业务
场景下的功能需求,同时具备功能拓展和定制化开发的能力,支撑未来应用场景快速拓展

所不断涌现的业务需求。

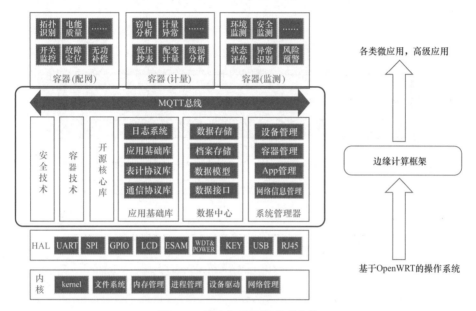

图 4-9　配电智能网关技术架构

三、配电智能网关操作系统

配电智能网关采用标准化统一操作系统，具有高度模块化和高度自动化的特点，拥有强大的网络组件和扩展性，可有力支撑硬件的标准化和平台化。区别于传统嵌入式领域单一业务特性，硬件标准化和平台化的目标之一是实现同一个嵌入式设备的多业务支持，需要操作系统对各业务应用软件对资源的管理和调配以及安全隔离，硬件标准化和平台化对生态的依赖特性反过来也要求操作系统全面支撑，基于全新的操作系统能力，应用 App 开发商只需集中在数据算法和业务逻辑上，不再需要关注通信细节和设备管理等繁琐问题，提高了系统稳定性和市场实效。

相比于普通单一、静态的系统，配电智能网关操作系统提供了一个完全可写的文件系统，可适应任何应用程序，完全契合配电智能网关的开发需求。在可行性方面，配电智能网关操作系统是生态化开放系统，社区化的组织使得可以寻找到快速解决问题的途径。系统可以提供支持产品化应用的各种功能，包括远程固件升级、内置路由功能、远程调试工具支持、完善的 SDK 功能、支持边缘计算特性的各种案例支撑，如容器（Docker、LXC）、数据库等，这些对于配电智能网关的功能实现都是至关重要的。操作系统架构图见图 4-10。

图 4-10　操作系统架构图

四、配电智能网关即插即用技术

配电智能网关通过丰富且灵活的外部接口形式，通过进行定制化 App 开发设计，可满足传感器、电表、集中器等多种设备的即插即用，基于智能配电网关的即插即用技术方案如图 4-11 所示。

开发设计数据中心 App，一方面可以提供消息机制供微应用之间进行交互，避免私有通信，实现数据交互解耦，降低交互管理复杂度；另一方面便于数据集中管理，避免各微应用建立私有数据库，保证数据安全性能，提高数据使用效率。

开发设计多规约采集 App，可对多种规约形式下的指令集进行快速响应，支撑多种规约形式的数据采集，包括 ModBus-RTU、101、104、DL/T645、南网计量上行规约等。

开发设计远程管理 App、系统管理 App、拨号管理 App，可提供即插即用实现过程中所需的其他基础功能支撑，包括 App 升级、日志拉取、对时、重启、拨号等。

通过定制化 App 的交互配合，可支撑多种南向传感设备的即插即用。在环境信息采集领域，可支撑温湿度传感器、烟雾传感器、水浸传感器的即插即用，实现对配电房内的温湿度、烟雾状况、水浸状态等的实时监测与告警；在安防监控领域，可支撑门状态传感器的即插即用，实现采集门开启、关闭的状态信息功能；在电气保护测控领域，可支持配电物联电气传感终端的即插即用，实现对三相电压、开关位置、低压回路电流、功率、功率因数等运行数据的采集与监控，可判断低压短路、过载、缺相、断零故障并进行告警和驱动低压脱扣动作；在视频监控领域，可支持网络告诉球型摄像机和网络固定摄像机的即插即用，实现所需监控场景的灵活可视化；在设备状态采集单元，可支持干式变压器状态量传感器和油浸变压器状态量传感器的即插即用，实现在线监测油浸式变压器油位、上层油温和油箱内气体压力等功能，极大程度上使得各应用场景下功能的实现更加便捷灵活。

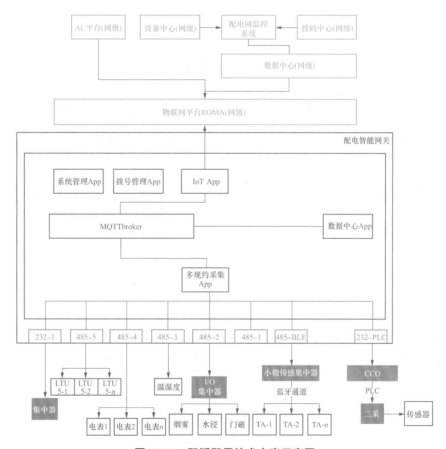

图 4-11 即插即用技术方案示意图

五、配电智能网关应用生态建设

基于底层定制化操作系统和中层边缘计算框架所提供的基础能力，配电智能网关的功能通过微应用（App）的形式呈现。所谓"微应用"，即运行在终端内部，可快速开发、自由扩展、满足配／用电及新业务需求的功能软件。配电智能网关微应用完全满足《台区智能融合终端微应用开发及检验规范》的各项要求，其总体架构如图 4-12 所示。

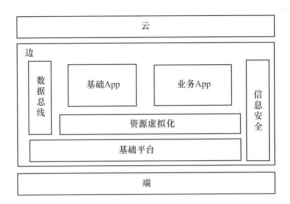

图 4-12　配电智能网关微应用总体架构

在基础平台部分，应包含硬件通信接口及驱动、基础操作系统。资源虚拟化部分，应由容器和硬件资源的抽象层组成。在微应用部分，应具备完成具体业务的功能，包括基础微应用与业务微应用。在数据交互总线部分，应基于容器间 IP 化技术与 MQTT 协议，实现跨容器的消息交互。在信息安全部分，应包含数据采集安全、数据存储安全、数据访问安全及数据上行通信安全。

基于上述架构，在配电智能网关微应用设计过程中，也遵循了下述三个基本原则：一是微应用间应基于消息机制进行交互，避免私有通信，实现数据交互解耦，降低交互管理复杂度。二是数据应集中管理，避免各微应用建立私有数据库，保证数据安全性能可靠，提高数据使用效率。三是微应用命名、功能、预留接口应明确，保证微应用有效管理。

面向未来的生态开放，为规范配电智能网关微应用的开发、设计、测试、上线、运行等环节的有序进行，需建设统一的应用商店服务生态，一方面可提供微应用柔性开发平台、测试环境、应用组件等运营支撑工具，开放给各单位和用户使用，另一方面可为各单位各自开展的配用电业务提供汇聚、共享的节点。在针对统一的应用商店设计上，实现了以下服务能力：遵从统一边缘计算框架和开发规范；可提供应用快速构建的工具；具备打通开发、测试环境的能力，可有效提升过程管控；能提供仿真业务场景，可有效提升交付质量；具备规范的微应用准入标准和准入流程；能兼顾自主运营和开放共享的需求。

同时，在运营能力方面，统一应用商店还具备微应用准入管理、微应用成效管理、和微应用开放社区三大功能（如图4-13所示）。

图4-13　应用商店运营能力示意图

微应用准入管理建立了微应用上架、更新、发布、下架、下发等的规范性审核管理机制，构建标准化管理流程，为微应用的开放共享提供规范化的管理支撑。微应用成效管理提供了微应用实用化评测、微应用开发者评测、微应用需求分析等，开放数据共享能力，为各单位开展微应用建设、运营工作提供决策支撑，促进微应用按需建设、合理投资。微应用开放社区提供了便捷的微应用获取入口，构建微应用问题和需求反馈和响应机制，促进微应用快速迭代和良性发展；构建应用社区、文档管理、帮助中心功能，推动构建面向公司内外部企业，开放共享、互利共赢的微应用开放生态。

综上所述，基于"一级部署、全网应用"的模式，配电智能网关应用生态建设为全网配电智能网关微应用上架提供了统一的管理入口。面向全网用户提供应用准入规范化管理流程，包括应用上架/更新、应用发布、应用下发、应用下架管理。为确保微应用运行安全性、稳定性、可靠性，各单位微应用无论是否开放共享，均需要在应用商店上架后，才可在边设备上安装、运行。基于上述统一的应用商店，可促进配电智能网关业务的合理有序拓展，推进产业科学高效发展。

六、配电智能网关远程运维设计

当前阶段，配电智能网关面临着业务场景多样化和运维数量庞大的发展现状，一方面随着业务场景的不断扩展，在网关北向将需对接纷繁多样的应用系统，同时在南向也需管理不同的厂家设备，由此带来的快速适配问题已经成为现阶段亟需解决的问题之一。另一方面，随着未来应用场景的不断拓展，网关的在线数量将呈现爆炸式的增长，随之而来的人工巡检成本也将急速上涨，由此带来的高效管理难题也是网关发展的瓶颈之一。因此，通过建立统一的远程管理方案，实现配电网关设备、日志、容器以及应用软件的远程管理，解决业务场景扩展及运维带来的难题，已经成为现阶段配电智能网关发展的必然趋势。

在配电智能网关领域，通过远程运维管理系统实现网关的远程管理，其总体技术架构如图 4-14 所示。

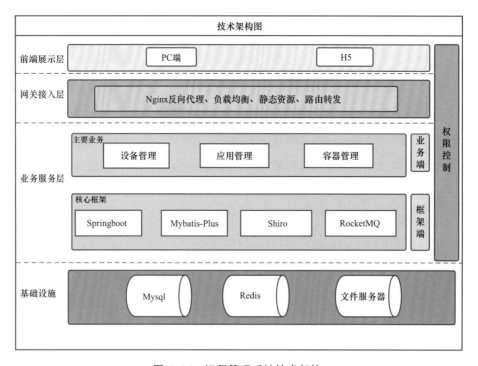

图 4-14　远程管理系统技术架构

通过该系统提供的功能模块，可以为智能网关提供远程固件升级、容器管理、应用管理、网关重启、日志收集、故障排查等功能，实现智能网关的云端管理，并借助一些差分升级等算法技术，使网关的管理智能和便捷。系统设计采用 Java 语言编写，使用 Spring 全家桶、Shiro 安全认证、MyBatis 等框架，Bsdiff 等算法，支持设备固件升级、软件升级及内容更新，对设备系统、指定应用或资源进行安装、更新、卸载。采用差分算法，在线制作差分包大幅压缩源文件体积，减少流量成本消耗及升级耗时。加入日志收集、故障诊断等功能，可在线排查设备故障，功能强大。可实现不同应用场景下网关的快速适配，并可灵活扩展网关的业务功能，同时基于云化部署，可实现百万级配电智能网关的集中运维，满足未来产业化发展的需求。

第三节　全域物联网配网通信技术

配电通信网是电力系统骨干通信网的延伸，其应遵循"因地制宜、适度超前、统一规划、分步实施"的原则，与配电网规划同步规划、同步建设、同步投产，有效支撑智能电网泛在通信接入需求。配电通信网规划建设应统筹考虑配电自动化、计量自动化、全域物联网、分布式电源、电动汽车充换电站、微电网及储能装置站点等各类业务对通道的带宽、时延、安全性和可靠性等性能方面的需求。以经济、灵活、适用、先进、成熟、标准为技术原则，根据实施区域的具体情况选择合适的通信方式（光纤、无线、载波通信等），充分利用公网通信、卫星等现有资源。

A+、A、B和C类供电区建设与改造电缆沟管时，应同步建设通信光缆或预留通信专用管孔。在强雷地区试点架设10kV架空避雷线，可考虑采用光纤复合架空地线OPGW模式。

配电通信网本地通信网络因地制宜选择低压电力线载波、有线通信、本地无线通信（微功率无线、NB-IoT、LoRa等），或多种方式混合使用，满足配用电业务本地通信要求。计量自动化采用低压宽带载波为主，根据场景需要，增配无线通信方式实现双模通信，提升通信可靠性，无线通信方式包含微功率无线、NB-IoT、LoRa等。

在运营商建设覆盖较好地区，逐步试点拓展5G通信应用，承载配用电业务。公网覆盖薄弱的区域，因地制宜选择北斗短报文通信方式，满足配用电业务数据回传的要求，配网通信网络技术选择原则如表4-1所示。

表 4-1　配电通信网络技术选择原则

范围	业务场景	技术原则
远程通信	控制类业务	中心城区（A＋、A类供电区域）配电自动化"三遥"等控制类业务原则上应采用光纤通信方式（配电数据网承载），重要"三遥"终端、智能分布式配电终端等节点应克服困难敷设光缆。 其他区域应根据区域的具体情况选择合适的通信方式（光纤、无线、载波通信等），并充分利用公网通信等现有资源
	非控制类业务	主要采用无线公网通信方式，已有光缆覆盖的采用光纤通信方式。 公网无覆盖的区域，因地制宜选择北斗短报文通信或中压电力线载波通信方式补盲，满足配用电及物联网业务数据回传的要求
本地通信	计量	因地制宜选择低压电力线载波、有线通信、本地无线通信，或多种方式混合 推进 BPLC/HPLC 技术替代，推进自主知识产权产品开发
	费控、停电上报等	推进"BPLC/HPLC＋无线 MESH"异构双模通信方式

一、电力光纤通信

目前，智能配电网光纤组网主要采用工业以太网交换机或 EPON 等技术。

（1）工业以太网交换机网络。工业以太网交换机，即应用于工业控制领域的以太网交换机设备，能适应低温高温，抗电磁干扰强，防盐雾，抗震性强。主要是应用于复杂的工业环境中的实时以太网数据传输。以太网在设计时，由于其采用载波侦听多路复用冲突检测（CSMA/CD 机制），在复杂的工业环境中应用，其可靠性大大降低，从而导致以太网不能使用。工业以太网交换机采用存储转换交换方式，同时提高以太网通信速度，并且内置智能报警设计监控网络运行状况，使得在恶劣危险的工业环境中保证以太网可靠稳定的运行。由于一般配电房或环网箱环境会比较恶劣，工业以太网交换机正好满足了智能配电网的要求。一般在配电房或环网箱中配置工业以太网交换机，相邻站点之间通过光纤互联，最终汇聚到变电站里的汇聚层设备，通过主网光纤或是传输网络传送至配电主站，实现业务上传。这也是目前配电网中采用最多的光纤通信方式。

（2）EPON 网络。EPON 即以太网无源光网络，是基于以太网的 PON 技术。它采用点到多点结构、无源光纤传输，在以太网之上提供多种业务。它综合了 PON 技术和以

太网技术的优点：低成本、高带宽、扩展性强、与现有以太网兼容、方便管理等。EPON
系统由局端设备 OLT、用户端设备 ONU 以及光分配网 ODN 组成。在配电自动化系统应
用中，EPON 组网采用 OLT 和 ONU 两级通信网方式，每个自动化子站接入的终端数量
大致相似，主站与子站之间通过 MSTP/SDH 传输网络互联，子站一般设置在变电站，安
装 OLT 设备，ONU 安装在环网柜、柱上开关或配电房中。EPON 业务一般为点对多点模
式，业务通过 ONU 汇聚到 OLT 设备，再上传至主站。

二、无线公网技术

无线公网通信是指使用由电信部门建设、维护和管理，面向社会开放的通信系统和设
备所提供的公共通信服务。公共通信网具有地域覆盖面广，技术成熟可靠，通信质量高，
建设和维护质量高等优点，主要包括 GPRS、CDMA、4G、5G 等。目前无线公网在配电
网中得到广泛应用，用来传输配网自动化、低压集抄、配电变压器监测、负控终端等业务。

随着大规模新能源接入、用电负荷需求侧响应等业务快速发展，各类电力终端、用电
客户的通信需求呈现爆发式增长。海量设备需实时监测或控制，信息双向交互频繁，迫切
需要构建经济灵活、双向实时、安全可靠、全方位覆盖的"泛在化、全覆盖"终端通信无
线接入网，而 5G 低时延、大带宽的特点正好能够解决以上问题。新型电力 5G 组网技术，
通过 5G 切片，建设覆盖接入侧、核心网与传输网的全通道电力业务高可靠网络，包括电
力切片管理及业务支撑平台功能及运营管理系统，实现连接管理、终端管理、切片管理、
AI 辅助决策、定制性管理、开放管理及统计分析等主要功能，支撑融合 5G 的无线接入
业务统一管控及典型业务的统一展示，进一步提升对智能配电网保护与控制、配网 PMU、
作业机器人等各项业务的可观、可管、可控能力。

三、电力无线专网技术

电力无线专网采用 TD—LTE 宽带技术体制，可选用的频率包括 230MHz 电力频率
和 1.8GHz（1785~1805MHz）频段，主要由核心网、网管系统、基站和无线终端四部

分组成，其中基站包括 BBU、RRU 和天馈线等，无线终端类型主要包括 CPE（含室内型、室外型）、嵌入式终端模块、数据卡和手持终端等。可用于承载配电自动化、远程抄表、视频监控等业务。相比光纤通信，无线专网具有组网灵活、施工简易等优势，其相对无线公网又具有传输资源可控、服务质量保障高等优势。

四、载波通信

电力线载波通信（PLC）是一种以电力线为传输媒介，利用电力线传输模拟或数字信号的技术，是电力系统独有的通信方式。电力线覆盖的区域都可以利用这一通信技术，实现高效利用电力线路的运行资源，且专有通信通道确保数据安全。根据电压等级的不同，电力线载波可分为：低压 PLC（220V/380V）、中压 PLC（10kV/35kV）、高压 PLC（35kV 以上）。根据其工作频段，又可分为窄带 PLC 与宽带 PLC。窄带载波数据传输速率较低，传输距离长，因电力线信道具有信号衰减大、噪声源多且干扰强、受负载特性影响大的特性，导致窄带载波通信的可靠性一般。宽带载波占用频带宽，数据传输速率高，数据量大，稳定性好，但载波信号采用较高的频率，导致电力线中信号衰减较快，传输距离有限，有效传输距离约 1km。

第四节　南网全域物联网平台功能及关键技术

一、总体架构

1. 平台定位

综合考虑国家政策、智能电网建设需求和物理网相关技术发展趋势，南方电网公司开展全域物联网建设。全域物理网建设按照"云管边端"的四个层级分布建设，旨在加强通道能力和规范终端接入，最终提升四种能力：物联网终端感知能力、网络连接能力、平台管控能力和数据交互能力。全域物联网建设以促进规模化应用为主线，以创新为动力，以产业链开发协作为重点，以保障安全为前提，为南方电网公司数字化转型、电网运行管控质量提升以及生产管理业务可持续发展提供有力支撑。

全域物联网由感知层、网络层和平台层的物联网平台组件共同组成，全域物联网平台是全域物联网的大脑和神经中枢，是实现电网数字化转型和智能电网建设的重要基石，是建立物理电网与数字电网映射关系的关键。物联网平台在数字化转型技术架构中的定位为数据采集和传送基础平台，是实现电网设备全联接、电网状态全感知、业务应用融合创新的重要纽带。全域物联网平台的定位见图4-15。

注：统一模型指采用公司同一的模型设计，定义设备的统一自描述文件。

图4-15　全域物联网平台的定位

2. 技术架构

全域物联网平台是全域物联网的大脑和神经中枢，是实现电网数字化和万物互联的重要基石，是建立物理电网与数字电网映射关系的关键。全域物联网平台负责全域物联终端设备统一标准化接入、数据统一采集，向下连接并管理各类终端，支撑各类数据广泛采集，向上支撑数据中心汇集终端数据和即时业务应用，同时对接人工智能组件，融合边缘计算等技术，提供云边端协同支撑能力，支撑业务实时分析与决策，并将采集的终端数据汇集至数据中心，为应用之间的数据共享奠定坚实基础。全域物联网平台技术架构见图4-16。

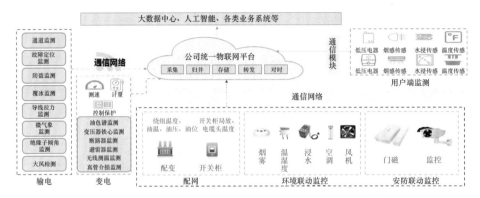

图 4-16　全域物联网平台技术架构

物联网平台统一部署在南网云平台，采用一级多节点方式部署，基于南网云基础资源支撑能力与两地三中心架构，实现物联网平台弹性扩容和灾备能力。全域物联网平台部署方式见图 4-17。

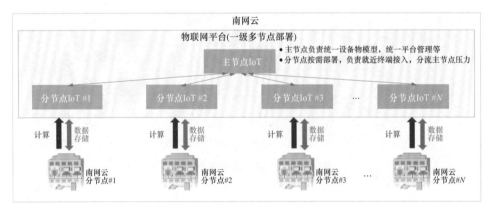

图 4-17　全域物联网平台部署方式

3. 内外协同架构

全域物联网是各业务应用系统消费各类终端感知数据的起点，为业务采集各类设备数据。其中，物联网平台作为连接中枢，与数据中心、人工智能组件等协同，采集感知数据输送进入数据中心进行存储，并由数据中心向业务应用提供数据服务。内外协同设计见图4-18。

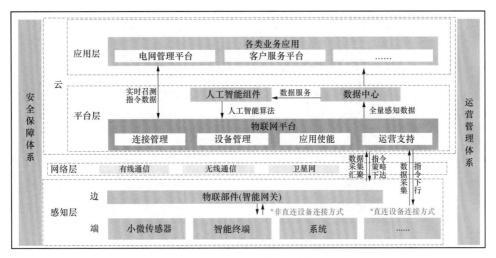

图 4-18　内外协同设计

（1）与感知层（端）的协同。感知层各类终端通过物联部件（智能网关、协议插件）接入物联网平台，按照物联网平台接入协议上报感知的数据，同时终端需遵循平台统一的接入规范及标准，符合相关网络安全要求。物联网平台与终端的协同关系见图 4-19。

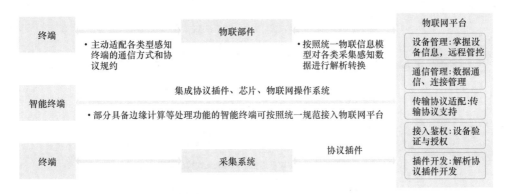

图 4-19　物联网平台与终端的协同关系

（2）与感知层（边）的协同。边缘计算将密集型计算任务迁移到终端附近的网络边缘，可有效降低核心网和传输网的负担。结合人工智能算法模型，通过物联网平台实时下发给设备，实现减缓网络带宽压力，协同执行的低时延。未来将结合业务需要开展业务管理协同、应用管理协同、数据协同、资源协同，深化智能协同能力。物联网平台与边的协同见图 4-20。

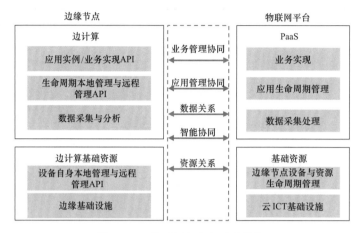

图 4-20 物联网平台与边的协同

（3）与网络层（管）的协同。网络层通过提供高宽带、低功耗、广覆盖的通信能力，全面支撑终端设备/网关数据上送，实现海量物联数据安全高效的传输，并可对通信过程进行有效管控。物联网平台与网络层的协同见图 4-21。

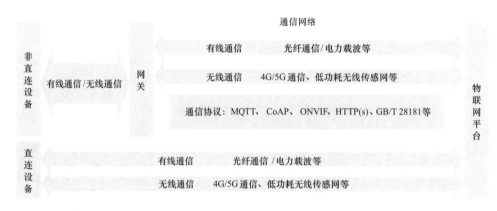

图 4-21 物联网平台与网络层的协同

（4）与南网云的关系。物联网平台统一部署在南网云上。基于南网云计算、存储、网络资源，为物联网平台提供运行环境，实现物联网平台弹性扩容和灾备能力；基于南网云安全策略，可为物联网平台提供基础的安全防护。物联网平台与南网云的平台见图 4-22。

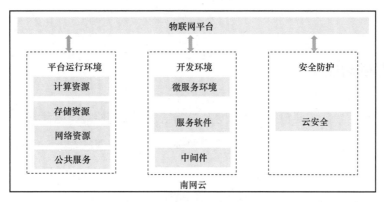

图 4-22　物联网平台与南网云的关系

（5）与数据中心的协同。物联网平台是数据中心获取现场感知数据的提供方，其采集的感知数据通过统一的数据接口全量推送给数据中心，数据中心为物联网平台提供数据存储服务。业务系统通过数据中心获取设备终端感知数据并进行应用。物联网平台根据安全区域部署，按安全区域要求与分节点数据中心通过实时数据服务平台进行对接。物联网平台与数据中心的协同见图 4-23。

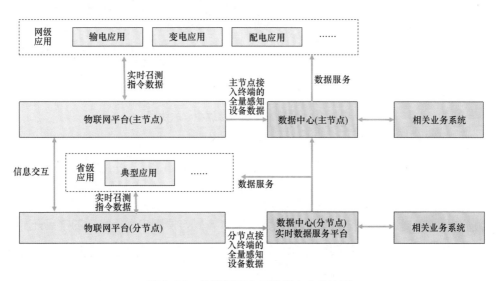

图 4-23　物联网平台与数据中心的协同

（6）与人工智能组件的协同。物联网平台通过统一的接口实现和人工智能组件的对接，实时更新智能算法的并推送下发设备执行，动态更新设备计算方式及运行分析逻辑，提升设备智能化水平。

二、基础功能架构

全域物联网平台层主要包括接入管理、设备管理、应用使能与运营支持。平台管理用于支撑跨专业、跨应用、跨系统之间的信息协同、共享、互通的功能，同时集成设备和网络管理平台功能；平台接口包括与大数据、人工智能等平台的数据接口；平台应用包括智能监控、智慧办公、智能物流、智能电力监控等垂直应用。物联网平台与数据中心的协同见图 4-24。

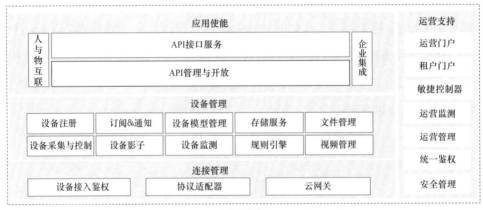

图 4-24 物联网平台与数据中心的协同

1. 统一门户

物联网平台提供统一门户实现对外通过 Web 方式方便用户进行实际的产品开发和设备对接，包括产品、设备的创建，产品、设备信息的展示，在线调试，数据推送，规则引擎，数据分析等 Web 服务页。

实现对平台的公开协议设备、应用列表和产品列表进行分项展示，包括产品 ID、产品类别、创建时间、产品协议、产品功能列表、设备 ID、设备状态等信息。

2. 设备接入

物联网平台实现异构设备的泛化接入，通过可扩展的设备数据接入适配模块，有效兼容行业、企业现场各类传感器和数采设备并完成物联网平台与各类设备的平台层通信及数据交换。

3. 产品与设备管理

物联网平台采用控制台 Web 服务页和统一开放接口两种方式，提供平台的产品与设备管理功能，其主要功能如表 4-2 所示。

表 4-2　物联网平台产品与设备管理功能

功能名称	功能描述
产品管理	产品是设备的集合，通常是一组具有相同功能定义的设备集合。例如：产品指同一个型号的产品，设备就是该型号下的某个设备。物联网平台提供对产品的新增、编辑、删除、修改等基本产品管理服务
设备管理	设备归属于某个产品下的具体设备，物联网平台提供对设备的新增、编辑、删除、修改等基本设备管理服务，支持单个 / 批量创建设备
设备分组	通过新建群组，把设备加入到对应的群组中，来实现对设备分组管理，分组与设备是多对多的关系，用户可以根据自己的需求，来创建分组
设备影子	设备影子是一个 JSON 文档，用于存储设备上报状态、应用程序期望状态信息。应用程序可以通过物联网平台的云端 API，获取和设置设备影子，获取设备最新状态，并将期望状态下发给设备
固件升级（OTA）	物联网平台提供固件升级与管理服务。首先，设置设备端支持 OTA 服务。然后，在控制台上传新的固件，并将固件升级消息推送给设备，设备即可在线升级
物模型	物模型指将物理空间中的实体数字化，并在云端构建该实体的数据模型。在物联网平台中，定义物模型即定义产品功能。通过物模型可以为设备定义一套属性模板，实现业务的快速部署

4. 安全能力

（1）多租户隔离。采用多租户技术，实现不同租户间应用程序环境的隔离（Application

context isolation）以及数据的隔离（data isolation），以维持不同租户间应用程序不会相互干扰，同时保证数据的保密性与安全性。

（2）数据隔离。所有数据都是按照统一的数据模型（设备—数据点）进行设计，各种物联网数据都是按这种模型进行统一存储。每个产品在存放时都是基于权限的控制来进行读写。所有数据或信息存放在平台都是实现了真正的逻辑隔离。

应用端在访问数据时，需要相应的权限，才能访问相应的数据。数据在数据库中也是需要访问密码才能授权查看。终端在接入时，也需要相应的权限，影响的也只是相应终端的数据，没法篡改其他终端的数据，并且终端的传感器数据存储是增量增加的，不会更新原有数据的操作，历史数据没法被篡改。

5. 数据备份

物联网平台的数据备份机制主要体现在两个方面：

（1）物理备份机制。平台的物理存放机制采用的是服务器分布式集群的方式，保障了备份数据的一致性和完整性。如果一个节点宕机，则自动切换到另一个节点运行，这种方式保障了系统的正常运行和数据的集群存放。

（2）数据库备份机制。上传到平台的数据默认保存 1 年，数据库采用分布式数据库，自动实时备份，也可以根据用户需求调整保存时间。

6. 数据存储

物联网平台支持多种后端存储介质，包括关系型数据库、非关系型数据库、时序列数据库，物联网平台数据存储服务具有分布式存储和技术能力，统一数据模型，降低了物联网架构和应用跨领域的复杂性，可充分挖掘物联网大数据的深层次价值，使平台具备了服务保证性、自主性和共享性。

消息路由：物联网平台消息路由服务提供高吞吐量的分布式发布订阅消息系统，加速处理设备数据与日志数据，能够实时的收集数据信息，并需要能够支撑较大的数据量，且具备良好的容错能力，将各个服务以松耦合的形式串联起来。

7. 应用数据

（1）数据推送。物联网平台支持设备数据不在物联网平台进行存储，直接利用数据推送服务将数据推送给客户授权的第三方应用或存储介质。数据推送依靠事件驱动，当物联网平台接收到设备的数据时，平台会把数据推送到用户指定的接收地址。数据转发示意图见图 4-25。

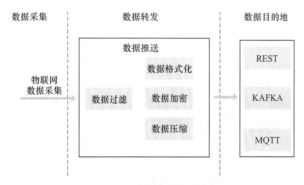

图 4-25　数据转发示意图

（2）开放 API。API 调用主要实现平台层通过 Restful API 的方式和物联网平台进行交互对接。实现命令的下发、数据的读写以及相关业务的交互。

8. 规则引擎

（1）场景联动。场景联动是规则引擎中，一种开发自动化业务逻辑的可视化编程方式，用户可以通过可视化的方式定义设备之间联动规则，将规则部署至云端或者边缘端。

（2）数据流转。使用物联网平台规则引擎的数据流转功能，可将 Topic 中的数据消息转发至其他 Topic 或其他服务进行存储或处理。当设备基于 Topic 进行通信时，用户可以在规则引擎的数据转发中，配置转发规则将处理后的数据转发到其他 Topic 或其他服务。平台数据流转架构图见图 4-26。

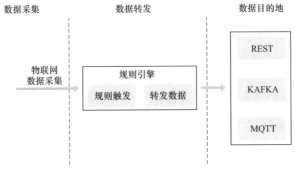

图 4-26　平台数据流转架构图

9. 调试与监控

（1）在线调试。设备端开发完成后，用户可以使用物联网平台的在线调试功能，从控制台下发指令给设备端进行功能测试。

在线调试包含两个大的功能模块：

真实设备调试：将模拟平台向真实设备发送指令，并在页面实时响应设备回复信息。

虚拟设备调试：提供虚拟设备功能，虚拟设备模拟真实设备与物联网平台建立连接，上报属性及事件处理。用户可以根据虚拟设备的数据，完成应用的开发调试。

物联网平台提供在线调试工具，利用通用标准接口进行资源使用情况的增、删、改、查操作。通过简单的参数配置，调试物联网设备与平台的数据传输与接收过程，实现调试的可视化与通用性。

（2）日志服务。本平台提供日志服务功能。用户可以在物联网平台控制台日志服务页，查询设备日志。

10. 用户与权限管理

（1）用户管理。查询用户信息，可以根据查询条件筛选用户，对用户进行排序，导出查询结果等操作。物联网平台为用户提供的用户身份管理与资源访问控制服务。

（2）权限管理。物联网平台允许在管理员账号下创建并管理多个权限策略，每个权限策略本质上是一组权限的集合。管理员可以将一个或多个权限策略分配给主用户，主用户亦可将权限分配给其子账户。

11. 数据分析

数据分析是物联网平台为物联网开发者提供的设备智能分析服务，全链路覆盖了设备数据生成、管理（存储）、清洗、分析及可视化等环节。有效降低数据分析门槛，助力物联网开发工作。

（1）数据管理。物联网数据分析服务提供轻松易上手、快捷低成本的数据管理能力。同时支持一键配置 IoT 设备数据存储和业务数据管理，支持 IoT 设备数据与业务数据的跨域分析。

（2）数据开发。提供一站式全域数据的聚合查询能力，可以根据业务场景，快速搭建分析任务。

三、全域物联网关键技术

1. 物联网微应用管理技术

针对边缘业务的部署需求，物联网平台采用物联代理容器中的业务部署技术，为边缘 App 提供虚拟机的容器功能，提供访问控制策略，确保业务在容器中可以正常运行。在云边端资源融合场景下，资源分配的单位是容器，每个容器对应着某些固定大小的资源块（内存和 CPU 核）。电力业务作业在运行时首先需要从云边端环境中获取一些容器，而后将其任务分配到容器中运行。在后一阶段中，不同任务的执行位置偏好是不同的，即将任务部署到其输入数据所在的位置上，将任务分配到其偏好的位置处执行能够避免网络传输。如图 4-27 所示。

该技术使用固定大小的容器作为资源调度的基本单位，将整个资源表示为容器集合。这些容器是不一样的，因为它们"寄居"在不同的处理节点上，且这些处理节点中存储着输入数据的不同部分。接着将作业形式化为有向无环图，其中的每个点表示一个任务，边表示任务与任务之间的依赖关系。作业中的每个任务都有唯一的偏好位置集，其蕴含了这些偏好位置容器存储着任务要处理的数据。对每个任务来说，用向量表示任务的多种资源

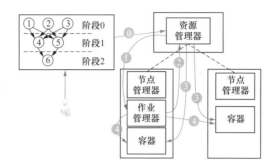

图 4-27　物联代理容器中的业务部署技术

的最大需求量，包括 CPU、内存、磁盘和网络。

2. 海量异构终端统一标准接入协议

物联网平台提供对支持不同协议的接入适配和转换能力，提高接入的效率与兼容能力，物联网平台采用如下协议与设备建立连接和双向通信，物联网平台通信协议见表4-3。

表 4-3　物联网平台通信协议

编号	协议名称	类型	应用场景
1	LWM2M	应用协议	资源受限设备的设备管理和应用管理，一般基于 COAP 协议传输
2	J808	应用协议	车载终端与平台的通信协议，由中国交通部制定
3	MQTT	传输协议	无线或低带宽网络的消息传输，基于 TCP 的长连接协议
4	COAP	传输协议	资源受限设备的应用协议，一般用于低功耗的智能设备，基于 UDP 协议
5	HTTP	传输协议	互联网的文本传输协议，一般把基于 HTTP 定义通讯规范（URL 和头域等）称为应用层协议，HTTP 为传输协议
6	TCP	传输协议	面向连接的、可靠的传输协议，一般厂商基于 TCP 协议定义私有应用协议

HTTP 和 XMPP 网络开销大，Coap 和 MQTT 更适合物联网受限环境中设备的通信，MQTT 发展相对成熟、应用相对广泛，较适合设备的远程监控与管理。设备的远程监控与管理示意图见图 4-28。

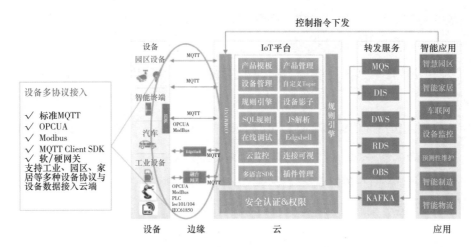

图 4-28　设备的远程监控与管理示意图

（1）物联网平台与底层终端的接入方式。为广泛支持电网智能终端快速接入物联网平台，针对不同接入场景，研发了多种接入技术。对自定义的协议，提供协议插件和编解码插件，以实现自定义协议扩展接入。物联网平台设备接入架构见图 4-29。

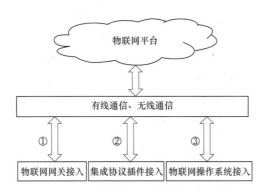

图 4-29　物联网平台设备接入架构

1）物联网网关接入，对于传统的传感器和终端，可通过物联网网关接入。

2）协议插件接入，对于具备通用操作系统的智能终端，包括但不限于智能穿戴、机器人，可通过标准的物联网协议插件接入。

3）物联网操作系统接入，对于没有操作系统，但能够植入物联网通用操作系统单片机的设备，包括但不限于智能摄像头，可通过植入物联网操作系统接入。

（2）物联网网关接入协议和转换插件。物联网网关是物联网平台的设备接入网关，物联网平台需要面向不同业务不同连接方式不同协议的设备提供连接服务，通过物联网网关解决设备接入协议复杂多样、定制多的问题，主要功能包括设备协议解析、设备链路管理、设备数据和命令处理、插件管理等功能。

为支持广泛的设备接入，将设备接入协议分成三层：传输协议层、应用协议层、数据编解码层。

传输协议层负责通信连接管理、可靠的数据传输服务等功能，如 COAP、MQTT、TCP、HTTP 等。

应用协议层建立在传输协议层之上，定义了不同业务场景的数据交换格式、规范和会话模型，一般为客户 / 服务器模式，如 LWM2M、DLMS、J808、NGTP 等。

数据编解码层负责对应用协议中消息载体的编码和解码，如设备上报数据时将二进制的消息载体编码为符合平台 Profile 定义的 JSON 消息，应用下发命令时将 JSON 消息编码为设备认识的二进制码流。

支持应用协议层通过声明的方式绑定不同传输层协议，通过应用协议层与数据编解码层的分离，可以灵活适配采用相同应用协议的不同设备数据的编解码。传输层协议见图4-30。

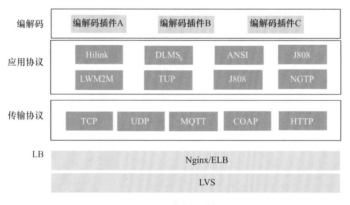

图 4-30　传输层协议

（3）物联网平台视频协议。物联网平台采用 GB/T 28181《公共安全防范视频监控联网系统信息传输、交换、控制技术要求》作为通用视频协议，GB/T 28181 是在结合国内安防行业发展应用现状，在实现终端设备标准化接入的基础上，针对国内各厂家设备，不仅定义网络设备接入规范，而且还定义平台间的级联规范，具备更好的生态适应性，得到大规模的应用验证。

联网平台对各种视频设备和平台的接入方式如下：

1）标准视频设备接入。符合国标 GB/T 28181 的设备应采用国标规定的接入方式进行接入，并采用标准解码库实现解码显示；不符合国标但符合 Onvif 协议（开放型网络视频接口协议）的设备通过 Onvif 协议方式接入平台。

2）非标设备 SDK 接入。不符合国标、Onvif 等标准协议的监控设备，采用设备 SDK 开发接口和协议接入，通过调用设备前端 SDK，实现兼容接入。

3）标准视频平台接入。视频监控平台符合国标 GB/T 28181 要求的，可按照国标 GB/T 28181 进行上下级域的方式进行互联对接。国标对接应实现 GB/T 28181 协议中规定的注册、实时视音频点播、设备控制、报警事件通知和分发、设备信息查询、状态信息报送、历史视音频文件检索、历史视音频回放、历史视音频文件下载、网络校时、订阅和通知等功能。

4）南方电网行业标准视频接入。根据《南方电网变电站视频及环境监控系统技术规范》，支持南网 PG 协议标准的视频设备接入。

3. 物联网平台跨安全大区数据融通技术

为满足电力网络安全分区要求以及物联网数据跨分区缓存与数据同步，实现输变配等场景下不同分区（Ⅱ区、Ⅲ区）终端设备数据跨区交换。物联网平台基于消息系统的数据流采集架构，在Ⅱ区、Ⅲ区正反向装置隔离场景下，Ⅱ区网和Ⅲ区网均部署 Agent，作为跨分区的信息同步，单消息传输只能由内到外或者外到内。跨安全大区的数据同步技术架构见图 4-31。

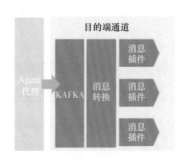

图 4-31　跨安全大区的数据同步技术架构

物联网平台基于南网云进行一级管理多节点部署，根据接入业务终端的安全部署区域需要，物联网平台部署在生产控制大区（安全区Ⅱ）、管理信息大区（安全区Ⅲ、Ⅳ）、DMZ区（安全区Ⅴ）。为了满足电力安全分区防护要求，在Ⅱ区和Ⅲ区之间启用正反向安全隔离装置、Ⅲ区和Ⅳ区之间启用网络防火墙、Ⅳ区与Ⅴ区之间启用安全网闸。跨安全分区的数据融通见图4-32。

图4-32 跨安全分区的数据融通

海量电力终端统一通过物联网平台接入后，终端数据统一按设备信息模型数据格式上报给物联网平台，实现异构数据在物联网平台统一汇聚及融合，实现数据统一标准转换。

第五节 基于实时、在线监测和算法的配网生产运行支持系统

配网生产运行支持系统是智能配电网建设中的关键核心系统应用，基于各类智能传感终端采集的电网运行数据、设备状态监测数据、环境监测数据等实时数据，以及南网智瞰、电网管理平台、人工智能平台提供的设备台账、网络拓扑结构、智能算法等服务，实现配电网实时监测与展示、智能巡检、智能运维、调试工具等应用功能，支撑开展配电网的透明化和智能化管理，提升配网运行管理水平。

一、系统体系架构

1. 系统定位

配网生产运行支持系统以"设备状况一目了然、风险管控一线贯穿、生产操作一键可达、决策指挥一体作战"四个一为目标，采用统一的技术架构，依照南方电网公司数字化转型"4321＋"的技术路线，可实现电网负荷实时监视、设备状态实时监视、环境实时监视、安防实时监视、视频实时监视、综合分析与辅助决策等功能，支撑发配电专业日常实时监视、智能巡视、运维及辅助控制类业务，从而强化对电网发配电设备的管控力和管理的穿透力，促进电网本质安全。生产运行支持系统定位见图4-33。

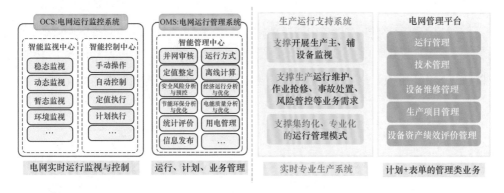

图 4-33　生产运行支持系统定位

2. 技术架构

配网生产运行支持系统采用统一的技术架构，以物联网平台为入口连接各类网关及传感，数据中心为底座，人工智能平台和南网智瞰为支撑，按功能分级部署，其中云端系统与电网管理平台、客户服务平台、调度运行平台通过数据共享、业务实现互通，并按需在供电局生产指挥中心、巡维中心部署边缘节点功能，协同实现"服务决策层、支撑管理层、解放作业层"的目标，全面支撑发、输、变、配各专业实时运行、告警、预测、辅助控制类应用需求。生产运行支持系统技术架构见图 4-34。

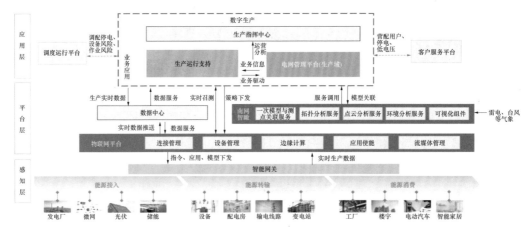

图 4-34　生产运行支持系统技术架构

3. 云边协同架构

生产运行支持系统基于物联网平台云边协同能力，打造云边一体的应用商店及一体化运维支持，云边断网、业务不中断，边侧轻量级硬件即插即用、软件自动部署，实现"数据上的去、应用下的来、算法易升级、运维更便捷"。系统云边协同架构见图 4-35。

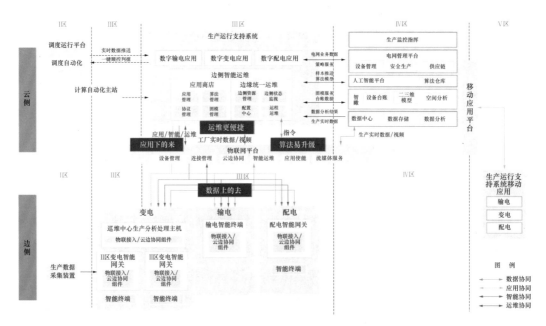

图 4-35　系统云边协同架构

二、系统功能应用

生产运行支持系统基于南网智瞰地图服务和物联网平台实时数据，实现配电网全景监测、负荷分布监控、智能配电房监测、低压台区监测、线损分析、电能质量监测、架空线路监测、电缆线路监测、配电智能运维、智能巡检等 10 个二级功能。构建中低压拓扑一张图，实现负载重过载监测和三相不平衡监测、电缆、架空线路配电变压器设备状态监测、无功补偿设备监测、实时视频监控和故障定位等功能，同时实现智能配电房和台架的系统快速接入及智能运维，提高施工调试效率，支持配电网的运行透明、管理透明和精准客服。系统应用架构见图 4-36。

图 4-36　系统应用架构

1. 配电网全景监测

基于南网智瞰地图服务，融合智能配电房、智能台架变压器、智能开关站、架空线路、电

缆等实时监测数据，实现配电网在线监测的全景展示。基于地理信息服务，新增区域智能配电房
的自定义收藏、保供电场景区域显示、特定区域划分展示功能，实现全网运行一张图监测展示。

2. 负荷分布监控

获取物联网平台、计量自动化采集的电压数据，按照南方电网公司发布的配电台区电
压及关键指标监测评估技术导则，实现用户低电压的分析和统计，基于智瞰沿布图，实现
低电压分布范围、台区重过载分布范围、轻载分布、低压配网三相不平衡分布和低压配网
线损分布展示，辅助开展配电网负荷监控分析应用。

3. 智能配电房监测

基于设备中心的配网设备台账树，系统设备架构构建以"省—地—区—所—站—线—
变"的整体从属层级关系模型，全面展示其拓扑关键结构、组织从属关系和设备从属关系。
基于物联网平台智能配电房的实时数据和智瞰地图服务，实现电气拓扑监测、负荷/状态
监测、环境监测、视频监测、告警展示、自动巡检、实时监测与联动等功能，实现智能配
电房远程监控、智能分析和智能运维作业等功能。配电房电气拓扑图监测见图4-37，配电
房视频监控见图4-38，配电状态监测见图4-39。

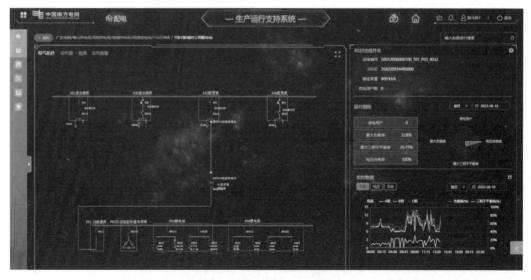

图4-37　配电房电气拓扑图监测

图 4-38　配电房视频监控

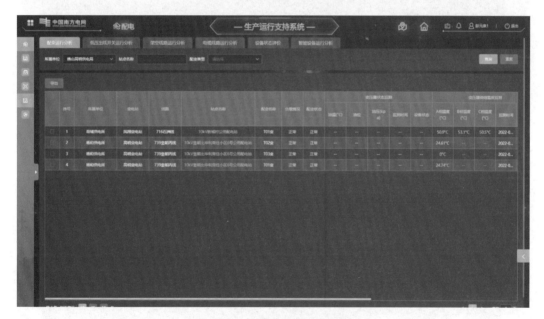

图 4-39　配电变压器状态监测

4. 低压台区监测

基于设备中心的配电变压器台账和物联网平台的实时监测数据，获取配电变压器容量、配电变压器负载数据、设备状态监测、台区线损等数据，实现低压台区运行状况实时监控，并根据南网配电台区电压及关键指标监测评估技术导则要求，实现配电变压器重过载、配电变压器三相负荷不平衡、电压越限、用户侧电压电流等数据的计算、分析和展示，实现低压台区透明化管理。台区及分支负荷监测见图 4-40，台区用户监测见图 4-41。

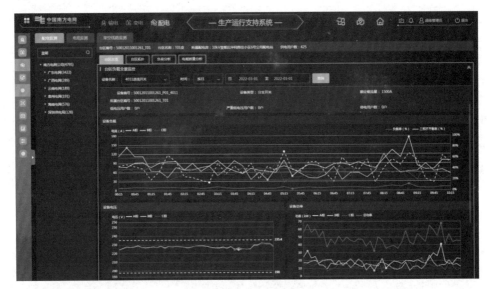

（a）

（b）

图 4-40　台区及分支负荷监测

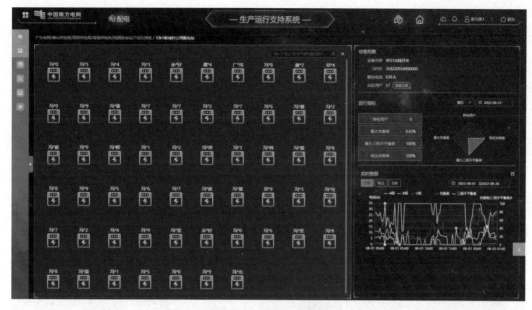

图 4-41　台区用户监测

5. 线损分析

基于实时采集配网运行数据，实现低压台区总线损与分相线损、低压出线线损与分相线损、低压分支线及分相线损的实时在线监测，支持按照单位、时间周期（日／月）等条件，钻取各类线损的历史监测数据，辅助开展线损分析应用。

6. 电能质量监测

基于电能质量监测数据，完成电压异常、电压电流不平衡、谐波畸变率的统计分析，支撑按照单位、时间周期（日／月）等条件，可钻取获取台区电能质量分析的历史监测数据，查看电压合格率统计（当日）、电压极值统计（当日）、电压越限统计（当日）、不平衡度值极值统计（当日）、电流不平衡度值极值统计（当日）、三相电压总及 2~21 谐波畸变率极值统计、三相电流总及 2~21 谐波畸变率平均值统计（日），辅助开展配网电能质量决策分析。

7. 架空线路监测

基于南网智瞰地图服务和物联网平台架空线路设备监测的电气数据、摄像机实时监控、雷电监测、杆塔监测、攀爬探测和微气象监测等数据，实现架空线路的全景监测、历史数据查询、故障定位分析、故障告警、自动巡检、设备监测模型创建、设备接入配置和监测关系维护等功能。架空线路实时监测见图 4-42。

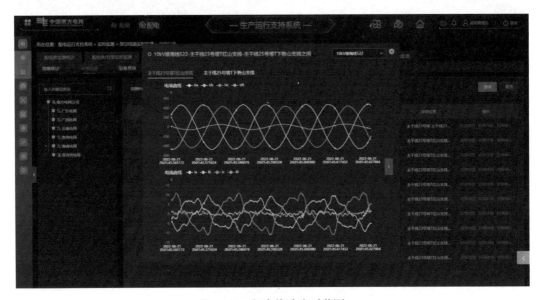

图 4-42　架空线路实时监测

8. 电缆线路监测

基于南网智瞰地图服务和物联网平台电缆井监测、电缆头监测数据等，实现电缆线路设备全景监测、设备监测模型创建、设备接入配置、设备告警、历史数据查询、自动巡检等功能。电缆线路总览见图 4-43。

9. 配电智能运维

根据基建智能配电工程项目实际业务需求，按照建设区域"省—市—区/县—所"统

图 4-43　电缆线路总览

计站房数量、工程项目数量、站房和传感器在线数量、站房在线率、传感终端在线率、站房调试完成率和传感终端调试完成率，辅助开展配网工程进度管理，并对已录入的智能站房设备、智能网关及传感终端设备、一二次拓扑关系等数据进行维护，辅助开展配网工程建设的安装、调试、验收、移交等工作。配电智能运维见图 4-44。网关离线监测见图4-45。终端离线监测见图 4-46。

（a）

图 4-44　配电智能运维（一）

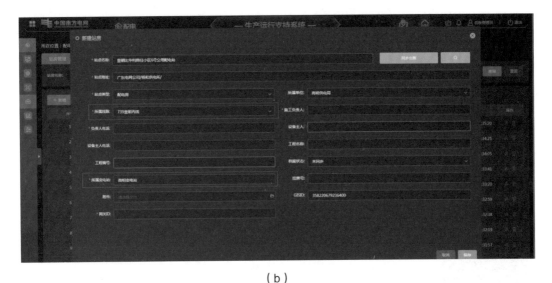

（b）

图 4-44　配电智能运维（二）

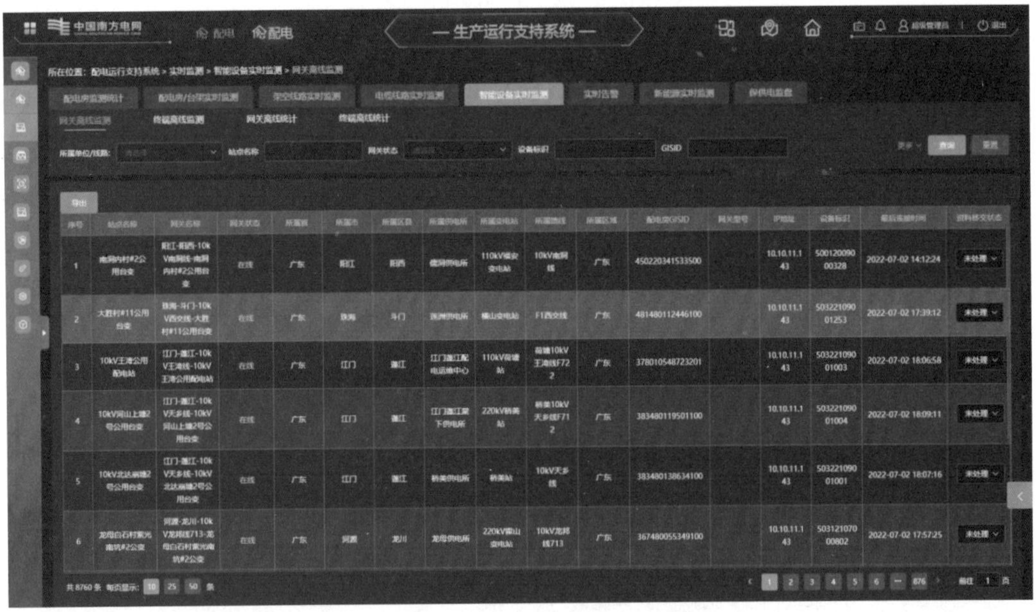

图 4-45　网关离线监测

10. 配电智能巡检

围绕配电网保供电特殊运维场景，打通与电网管理平台业务流程，实现巡视方案配置、自定义巡检、巡视周期设定、巡视对象导入、巡视方案控制、巡检告警处置、巡视对象保

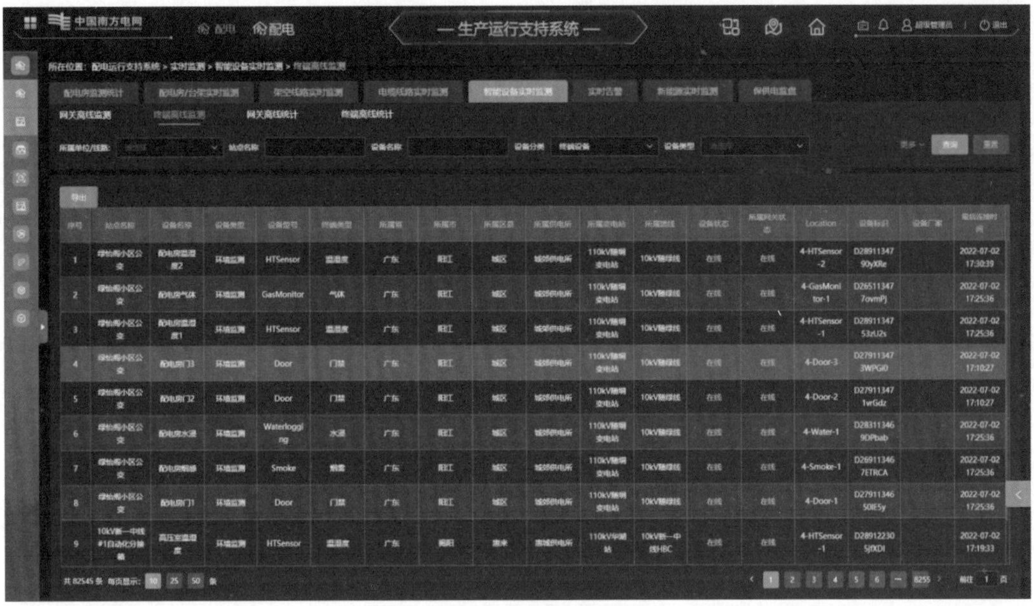

图 4-46 终端离线监测

供电状态等功能，辅助开展巡视作业数据录入、智能分析和自动生成报告等，提高巡视作业效率。新建巡检方案，配置巡检周期和巡检范围见图 4-47，对监控的站房负载情况进行监测见图 4-48，对监控的站房告警情况进行监测见图 4-49。

图 4-47 新建巡检方案，配置巡检周期和巡检范围

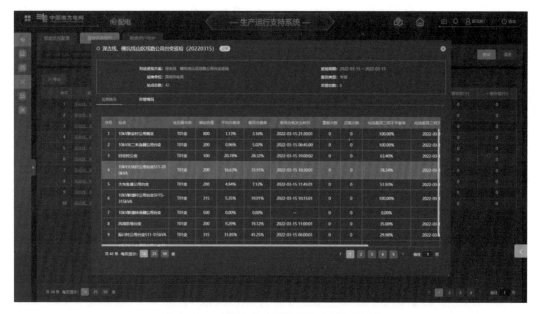

图 4-48   对监控的站房负载情况进行监测

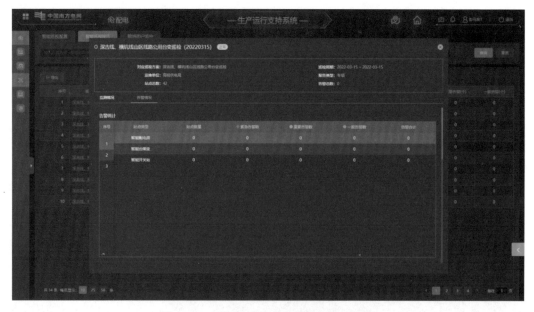

图 4-49   对监控的站房告警情况进行监测

第六节　信息安全技术

智能电网是以现代电力能源网络与新一代数字信息网络为基础，以新一代信息技术为核心驱动力，以数据为关键生产要素，以信息技术与电网企业业务、管理深度融合为路径的新型的能源生态系统。先进的计算机技术、灵活可靠的电力通信技术以及精确的传感器技术为智能电网建设提供了重要的软硬件技术支持，实现了电网运行数据、设备状态监测数据、安防数据、环境监测数据的实时采集和应用。随着电力系统中综合自动化技术、计算机技术、物联网技术的推广应用，各类信息数据的安全性直接关系到智能电网能否高效稳定、节能经济地运行。

一、智能电网网络安全挑战

1. 外部风险

（1）网络安全形势愈发恶劣。网络空间已成为国际政治斗争的主战场，能源电力、金融等关键信息基础设施成为网络攻击重灾区，网络战、电力战在世界范围内不断上演。在中美贸易摩擦的形势背景下，外部网络安全形势愈发恶劣。

（2）网络安全合规风险骤增。《中华人民共和国网络安全法》《中华人民共和国密码法》《中华人民共和国数据安全法》《中华人民共和国个人信息保护法》等法律法规陆续出台，网络安全合法合规要求逐步增强，违法违规行为处罚力度逐步加大，网络安全已成为企业运营管理的主要风险之一。在智能电网建设、电网业务转型过程中，数字技术平台和数字业务应用的网络安全问题突出，可能直接影响企业的价值和效益。

（3）核心技术自主程度不高。芯片、操作系统、数据库等基础软硬件，仿真计算、规划设计等工具软件仍大量采用国外品牌，受国际贸易政策影响较大，存在断供限供的风险。国外软硬件产品中潜在的原生漏洞甚至后门难以自主发现及防范，一旦敌对势力利用原生漏洞对电力监控系统发起攻击，将有可能造成灾难性后果。

2. 内部风险

（1）数字化、智能化转型带来新的安全风险。随着"云大物移智链"新技术普遍应用，数字技术平台和业务应用大规模建设，企业数字化转型可能持续引进新的网络安全问题和风险。数字化、智能化与网络安全高度融合，网络安全从外部管理要求转变为内在需求，网络安全的管理思路、治理体系和防护措施均需进行转变。

（2）监测预警与态势感知能力有待提升。网络安全防护仍以网络安全装备为主，"装备不等同能力"的问题仍然突出，网络安全运营与服务水平不高，安全管理与服务模式有待创新升级。人工智能、动态防御等先进技术应用程度不高，安全大数据的价值和作用有待进一步挖掘，智能电网的网络安全监测预警与态势感知能力有待提升。

（3）智能电网安全防护能力亟待整体提升。云平台及云化数据中心等数字技术平台和业务应用集中建设，智能电网正从传统电网向数字孪生电网、信息物理社会融合系统转变，智能电网安全从传统的网络安全演变为系统装置功能安全、涉电涉公服务安全，应从"人、物、数、技"等全维度规划设计智能电网综合防御能力。

二、网络安全关键技术

1. 网络安全隔离技术

安全隔离技术是指两个或两个以上的计算机或网络在断开连接的基础上，实现信息交换和资源共享。安全隔离技术的目标是确保隔离有害的攻击，实现内外部网络的隔离和两个网络之间数据的安全交换。在智能电网安全分区的整体防护框架之下，安全隔离技术的应用尤为重要。

（1）技术架构。通过安全隔离方式进行数据交换可以提高安全性能。网络架构的各个层次都可实现隔离，且不同层次实现隔离可采取不同的方法。对于物理层和链路层的安全隔离，可采用两类技术：一类是动态断开技术，也称为动态开关，包括基于 SCSI 的开关技术和基于内存总线的开关技术；另一类是固定断开技术，实现单向传输。

（2）关键技术。基于 SCSI 的安全隔离。小型计算机系统接口（Small Computer System Interface，SCSI）是一种计算机外设的读写技术。SCSI 是一种具有 M/S 结构（即主从结构）的单向控制传输协议，通常用于计算机主机与硬盘之间的数据交换。主机要通过先写入再读出的机制，对比前后数据是否相同，来检查数据的完整性和正确性，保证了读写数据的可靠性。SCSI 自身的控制逻辑禁止两个用户同时对一块硬盘进行操作，达到了物理层和链路层断开的目的。

基于内存总线的安全隔离。采用双端口静态存储器（Dual POSARM）芯片的应用技术。双端口静态存储器具有两个完全独立的端口，各自均有一套相应的数据总线和地址总线以及读写控制线，允许两个计算机系统总线单独或异步地读写其中任一存储单元。双端口静态存储器设计了防止两个端口同时读写的机制，加上开关电路，共同实现物理层和链路层的断开。

基于单向传输的安全隔离。只允许单向的数据流动。当内网需要传输数据到达外网的时候，内网服务器即发起对隔离设备的数据连接，将原始数据写入高速数据传输通道。一旦数据完全写入安全隔离设备的单向安全通道，隔离设备内网侧立即中断与内网的连接，将单向安全通道内的数据推向外网侧；外网侧收到数据后发起对外网的数据连接，连接建立成功后，进行 TCP/IP 的封装和应用协议的封装，并交给外网应用系统。

（3）发展趋势。随着新的业务需求和安全要求，安全隔离技术沿着具备更高的隔离传输吞吐率、高安全性特点的方向发展，实现跨安全区隔离设备防护能力、可靠性与并发性能力的整体提升，以保证穿越安全分区时的数据安全。

2. 应用安全网关技术

随着云计算的普遍应用，智能电网在逐步实现云化、服务化、开放式微服务，主要包括企业内网应用、外网应用以及外部合作伙伴应用三类。因所处环境、访问方式的不同，这三种应用架构场景的微服务面临着复杂的安全性挑战。通过应用网关安全技术，可以将业务应用微服务进行统一管理，实现统一认证、鉴权、限流、协议转换、超时、熔断处理、日志记录、服务调用监控等。

（1）技术架构。应用网关安全包含两个安全访问控制点：用户或合作伙伴应用系统访问的前端"应用代理网关"以及前端应用访问后台服务所调用的"API 安全网关"。通过"应用代理网关"，可以接管所有的应用访问请求，并通过控制引擎进行身份验证及动态授权。通过"API 安全网关"可集中实施各类安全策略，提升应用 API 的安全能力。整体技术架构见图 4-50。

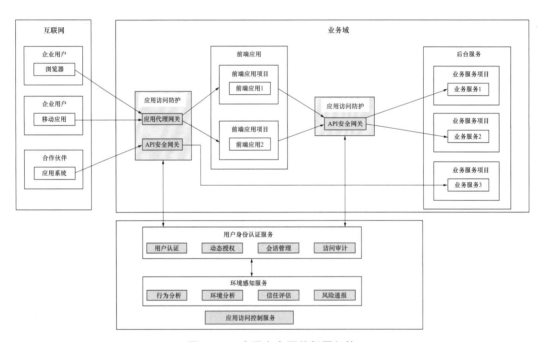

图 4-50 应用安全网关部署架构

（2）关键技术。API 综合治理技术。智能电网系统拥有大量的业务平台及子系统，涵盖成千上万个 API，因此针对海量应用的运行资源管控和故障处置极为重要。API 运行故障隔离、响应超时管控以及服务熔断处理即为在空间、时间和拒绝服务等多维度上的综合运行管控技术，确保网关对 API 的综合服务治理，在保证业务顺畅的同时提升微服务的整体安全性能，提升企业应用整体安全运营监控能力和指标管控能力。

动态认证授权技术。智能电网业务应用通过 APPID 和秘钥访问应用代理网关认证接口，接收到请求后，应用代理网关通过与动态访问控制引擎进行对接，对应用的身份认证请求进行动态核验和业务授权令牌。应用在调用微服务时，API 安全网关通过动态访问控制引擎认证组件对令牌进行验证，从而实现客户端请求的动态认证授权。

应用数据安全保障技术。将各类数据源访问转化为 API 服务，API 网关可针对性的集中建设各种安全措施并应用到 D2A 类型的 API。此外，还可增加防 SQL 注入的能力，防止恶意破坏数据和越权访问数据。为了保障应用数据服务的安全性，原则上数据湖对外发布的 API 服务，都应采取独立的 API 网关集群进行管理。

（3）发展趋势。应用网关安全技术未来将会朝向风险自主感知，访问安全自适应方向发展。通过对接用户访问终端中的可信环境感知系统或外部风险分析平台进行联动，对环境风险和异常行为数据分析，实现安全风险模型的不断修正以及用户权限的动态管理，提升访问控制的自学习与自适应能力。未来应用安全网关承载智能电网业务系统所有的业务应用服务访问，对所有 API 可配置统一的安全认证、鉴权、流量限制、黑白名单、数据传输加密、防篡改、防重放攻击等能力，为智能电网应用安全运行保驾护航。

3. 数据安全防护技术

智能电网以数据为核心实现价值赋能，因此数据安全至关重要。数据安全技术是为保障智能电网数据资产的保密性、完整性、可用性，在电网数据的整个生命周期中所应用的安全防护技术。

（1）技术架构。数据安全技术架构针对数据采集、传输、存储、使用、交换、销毁等数据生命周期中每个环节的数据活动，根据安全防护的不同侧重点和技术特征，采用了一系列的安全防护技术，数据安全技术架构如图 4-51 所示。

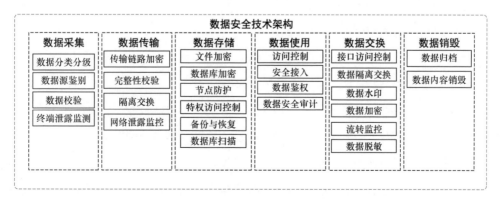

图 4-51　数据安全技术架构图

数据采集环节涵盖数据的分级分类与鉴别等技术；数据传输环节涵盖传输保护等技术；数据存储环节涵盖数据加密等技术；数据使用环节涵盖访问控制与审计等技术；数据交换环节涵盖交换共享与脱敏水印等技术；数据销毁环节侧重内容销毁等技术。

（2）关键技术。

数据分类分级技术。是对数据进行分级管控的前提，智能电网数据分类、分级以数据的科学属性和自然属性为基础，遵循层次性、穷尽性的原则。数据安全分级以数据资产的重要性、敏感性和遭受破坏后的损害程度为依据，遵循分级层次合理、界限清晰、数据安全防护策略合理为原则。数据的分类、分级结果应在数据采集、传输、存储、使用、交换、销毁等全生命周期阶段持续有效，不随数据的所有者、管理者及使用者的变更而改变。

数据脱敏技术。是指根据智能电网数据资产的分级，对某些敏感信息进行识别后，依照脱敏规则进行敏感数据的漂白、变形、遮盖等处理，避免敏感信息泄露，同时保证脱敏后的输出数据能够保持数据的一致性和业务的关联性。比如对电网客户数据中，涉及身份证号、手机号、卡号、客户号等用户个人信息的数据进行变形处理后再进行流转。

数据加密技术。是指将智能电网数据资产所有者通过密钥及加密函数对数据进行转换，使之变成难以破解还原的密文后再进行传送，而数据接收方则将此密文用解密函数、密钥还原成明文。智能电网数据加密技术以国产密码算法为核心，同时也是链路加密、存储加密等多种场景下加密技术的基础。

（3）发展趋势。为应对网络安全新形势新变化，智能电网应更加强调对数据进行全方位的保护。数据安全技术将向更为融合化，精细化、智能化的方向发展，融合对接多种数据安全技术，实现基于精细化数据权限的全方位数据管控，以及数据安全风险统一采集和智能分析，并以 API 的形式向应用系统提供统一的数据安全服务，逐步提升智能电网体系中数据全生命周期安全防护水平。

4. 人工智能安全技术

人工智能安全技术是一种利用人工智能解决网络安全事件快速识别、实时响应等的技术，其特点是模型更新迅速、依赖训练数据、结果可控，适合于计算重复度高、数据量庞大的场合。结合人工智能在网络安全应用的实践情况，人工智能安全技术在智能电网安全监测、安防监控、现场巡检等领域应用程度较高。

（1）技术架构。根据人工智能关键技术的构成和运用场景，可分为计算机视觉技术、自然语言处理技术和机器学习技术。在计算机视觉领域，运用图像识别算法，精准挖掘、识别图像特征，解决电力系统安全故障问题。在自然语言处理领域，基于句法和语义分析，实现敏感数据的自动识别与发现，保障数据安全。在机器学习领域，运用无监督和有监督学习方法，构建网络安全分析模型，实现网络安全事件的智能分析。

（2）关键技术。计算机视觉处理。针对视频智能监控，基于行人重识别对电力系统人员的视频图像信息进行智能分析和异常行为判断，提供智能主动防御与告警。针对图像识别，通过对采集到的电力设备的故障图像进行识别与分析，完成设备的故障分类。将计算机视觉处理应用于人脸识别，可实现身份安全鉴别的同时隐藏敏感图像信息。

自然语言处理。应用于敏感数据发现，基于句法分析、语义分析对文本数据进行相似度匹配计算，实现敏感数据的精准识别。针对数据分类分级处理，可结合文本关键词提取、神经语言模型等原理，实现对未知数据的智能分类分级。可见，人工智能可以显著提升数据收集管理能力和数据价值挖掘利用水平，实现数据安全治理。

机器学习。基于进程行为训练样本的学习检测，采用长短期记忆网络（Long Short-Term Memory，LSTM）提取恶意进程特征，以及卷积神经网络（Convolutioal Neutral Networks，CNN）实现特征分类，对恶意进程进行精准识别，可应用于恶意代码检测。在数据隐藏方面，可采用基于联邦框架的多方安全计算，实现多方数据的协同计算，保障开放共享场景下的数据可用不可见，还可应用于数据安全追溯，采用安全事件全链路关联分析，提供数据泄露的事后快速追溯，还原数据泄露链条，为事后的安全事件调查提供智能支撑。

（3）发展趋势。伴随着云数一体趋势化发展，智能电网云平台和大数据将成为今后的重要建设内容，人工智能安全技术也需要结合云数一体的技术发展趋势不断创新应用。如运用人工智能技术提高云平台的网络安全资源的调度效率，实现资源调度的自适应；运用人工智能技术提高非结构化数据的识别与处理能力，保障非结构化数据的安全。此外，人工智能安全技术以其对网络安全威胁的快速识别、自主学习、实时响应的能力，成为推进网络安全技术创新的重要引擎。

5. 智能终端安全技术

根据智能电网"云—管—边—端"的技术架构，智能终端安全包括智能网关安全和智能传感安全。智能终端安全技术依托密码服务平台、安全网闸、安全芯片、密码服务组件等构建智能网关和智能传感的安全接入和传输加密能力，实现感知层各类传感器终端接入网络的身份认证、访问控制、加密传输和安全监测等功能。

（1）技术架构。针对电力物联网中感知层终端数量庞大、数据多源异构、安全保护能力不高等特点，智能终端安全技术采用认证授权机制、访问控制机制、加密机制、密钥管理和安全路由机制等，依托自主研发的安全可信代理组件、密码服务组件、安全加密芯片等构建涵盖智能网关、终端设备的唯一数字身份管理与认证访问控制能力，实现基于动态访问控制与监测技术的智能终端安全可信防护能力。智能终端安全技术架构见图 4-52。

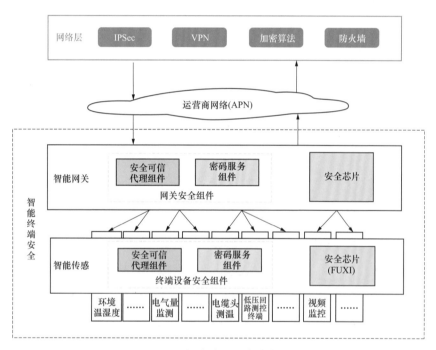

图 4-52 智能终端安全技术架构

（2）关键技术。

认证授权机制。 主要用于证实身份的合法性，以及被交换数据的有效性和真实性。主要包括内部节点间的认证授权管理和节点对用户的认证授权管理。在感知层各类传感终端需要通过认证授权机制实现身份认证。

访问控制机制。 保护体现在用户对于节点自身信息的访问控制和对节点所采集数据信息的访问控制，以防止未授权的用户对感知层进行访问。常见的访问控制机制包括强制访问控制、自主访问控制、基于角色的访问控制和基于属性的访问控制。

加密机制和密钥管理。这是所有安全机制的基础，是实现感知信息隐私保护的重要手段之一。密钥管理需要实现密钥的生成、分配以及更新和传播。感知层各类传感终端身份认证机制的成功运行需要加密机制来保证。

安全路由机制。保证当网络受到攻击时，仍能正确地进行路由发现、构建，主要包括数据保密和鉴别机制、数据完整性和新鲜性校验机制、设备和身份鉴别机制以及路由消息广播鉴别机制。

（3）发展趋势。为进一步提高对各类异构终端安全风险的监测能力，可在集成应用人工智能安全技术、安全态势感知技术等，进一步提升智能终端的网络安全风险识别能力，提高安全防护水平。

三、智能电网网络安全方案

1. 云数一体的数字技术平台安全

（1）总体架构。智能电网云平台是集中管控智能电网资源、优化资源配置的基础平台，能够有力支撑智能电网各类业务场景应用的快速构建和迭代升级。智能电网云平台主要采用分区异构的方式建设，具有云节点数量多、覆盖区域广等特点。智能电网大数据中心是承载各类业务及应用数据的数据底座，大数据中心云化建设及应用符合电网数字化转型资源集约化、管理柔性化的建设要求，云数一体的数字技术平台安全是智能电网网络安全的重要方案。云数一体数字技术平台安全架构主要包括安全资源层、安全服务层和安全运营层，见图 4-53。

（2）安全资源层。安全资源层主要包括基础安全资源和云原生安全资源。**基础安全资源**能力由虚拟化安全资源如云防火墙、云 IPS、云堡垒机、云 WAF 等，以及集中纳管的硬件安全资源提供，通过部署在云平台核心交换层提供云边界安全无法完全覆盖的租户自定义南北向以及跨租户的云内东西向安全防护能力，全面覆盖应用安全、数据安全、网络安全、主机安全等多个纵深维度。**云原生安全资源**主要包括虚拟主机构建过程关联安全组和主机安全防护组件，以及融入容器构建、分发、运行流程的容器安全防护和监测能力等。

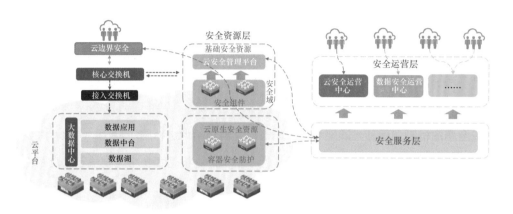

图 4-53　云数一体数字技术平台安全架构

（3）安全服务层。安全服务层通过调度、整合安全资源层的各种安全组件，可以吸收或抽象安全资源池及安全组件的差异性，向上提供覆盖应用、数据、网络等不同类型的标准化安全服务。安全服务层设计的目标是尽可能将安全能力服务化地提供给业务应用和安全运营平台进行调度，使得传统的安全能力组件能够像原生安全组件一样实现服务化调度，实现所有的安全能力组件能够具备统一的服务目录和调度接口。

安全服务层接口包括南向接口和北向接口，其中南向接口对接安全资源层实现安全资源的统一纳管，北向接口面向安全运营层，提供 IPDR（Identify 识别、Protect 防护、Detect 检测、Respond 响应）形式的完整安全服务。

（4）安全运营层。

安全运营层主要将相应的安全策略经由安全服务层下发到安全资源层执行，依据运营专业类别不同可分为云安全运营中心和数据安全运营中心等，为运营人员、监测人员、业务人员等各类角色灵活提供自定义策略配置与运营看板等。

云安全运营中心负责对云内安全及运行日志、云内东西向流量以及云资产配置等信息进行统一建模分析，建立基于业务资产的高效安全检测、安全风险分析和响应处置闭环流程，实现云资产安全监测、云资产配置核查、云资产漏洞管理、云安全告警及云内流量安全分析等。

数据安全运营中心负责对数据的全生命周期过程提供安全管理和感知能力，实现数据资产管理、联动分析、策略管理、任务管理、风险管理、报表管理、安全展示等能力，实现对数据安全资源的统一管控。

2. 电力监控系统网络安全

电力监控系统是指用于监视和控制电力生产及供应过程的、基于计算机及网络技术的业务系统及智能设备以及作为基础支撑的通信及数据网络等设施。电力监控系统网络安全防护主要针对网络系统和基于网络的生产控制系统，总体目标是保护电力监控系统及调度数据网络的安全，抵御黑客、病毒、恶意代码等的破坏和攻击，防止电力监控系统的崩溃或瘫痪，以及由此造成的电力系统事故或大面积停电事故。

（1）总体架构。智能电网电力监控系统网络安全建立了边界安全防护、内网安全监测和网络安全反制的总体架构，如图 4-54 所示。

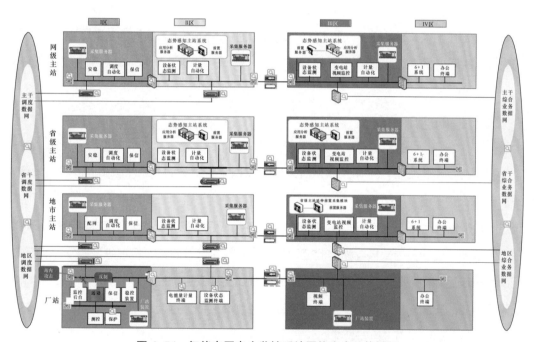

图 4-54　智能电网电力监控系统网络安全总体框架

（2）边界安全防护。边界安全防护体系总体原则为"安全分区、网络专用、横向隔离、纵向认证"。

安全分区。 南方电网电力监控系统分为生产控制大区、管理信息大区和互联网大区。

网络专用。 在专用通道上使用独立的网络设备组网，在物理层面上实现与综合业务数据网及外部公共信息网的安全隔离。

横向隔离。生产控制大区与管理信息大区之间应设置电力专用横向安全隔离装置（或组成隔离阵列）实现物理隔离，生产控制大区和管理信息大区内部的安全区之间应采用防火墙或带有访问控制功能的网络设备实现逻辑隔离。

纵向认证。在生产控制大区与调度数据网的纵向连接处应部署电力专用纵向加密认证网关或加密认证装置，为上下级调度机构或主站与子站端的控制系统之间的调度数据网通信提供双向身份认证、数据加密和访问控制服务。

（3）内网安全监测。建立全天候全方位网络安全态势感知体系，通过部署主机安全监测和防护软件、流量分析系统、蜜罐系统、WAF、IPS等安全监测和防护产品，实现内网安全监测、网络安全运行的全域防御、监测预警、快速响应，提高网络安全监控能力、安全威胁情报收集融合能力、网络安全风险预测能力和应急处置能力。

（4）网络安全反制。一旦发现遭受攻击，可以通过远程指令迅速切断攻击源。通过网络安全反制技术，实现攻击者与其他资产无法通信，达到攻击者断网的目的，相比站内现场处置，时间由小时级缩短至分钟级。

3. 互联网应用安全

（1）总体架构。智能电网互联网应用安全按照"全域防御、纵深防御"的思路设计，采取多层次、多维度的防护总体架构。包括建立应用信任域，限制横向移动，依据应用系统访问特征划分尽可能小的信任域，通过物理网络、VPC及微服务集群等多种手段实现微隔离，限制入侵者在内部横向移动的范围；建立多层次防护安全，打造纵深防御，将互联网应用按应用架构进行解耦，按网络访问流进行多层次安全防护，并针对流量中的不同协议采取相应的安全防护，避免安全防护措施被绕过而失效；打造移动终端安全，打造安全架构对业务移动化能力进行安全赋能。

（2）应用信任域安全。智能电网的互联网大区采取以网络架构为基础的信任域隔离模式，强调边界防护。随着企业应用全面上云以及单体架构转向微服务化，传统物理网络的边界逐渐模糊。为了缩小互联网应用的暴露面以及限制应用被入侵后的横向移动范围，应尽可能缩小互联网应用的信任域，并对应用在信任域的访问加以限制和保护。通过充分利用物理网络、云虚拟网络和微服务集群等隔离技术，从横向和纵向实施有效访问控制，实现基于云平台网格化的信任域隔离架构。

（3）多层次安全防护。互联网应用安全是系统工程，局部的、单一的安全防护手段无法达到纵深安全防护的目标，需要站在攻击者视角，从空间维度和技术维度构建多层次的安全防护能力。从空间维度上看，由外到内梳理用户访问互联网应用的访问路径，在所有可控的安全防护环节合适的防护手段，最终形成层次化、高弹性的互联网应用威胁防护架构。从技术维度上看，不仅具备被动保护的安全措施，还应从识别、保护、检测和响应四个方面同时构建安全防护能力。

（4）移动终端安全。移动终端为云计算、大数据、人工智能等其他各类关键技术提供了在移动互联环境中的广阔应用基础。在业务移动化的环境中，通过安全架构对业务移动化能力进行安全赋能，在端上建立安全工作空间保护业务数据在移动端上的安全性；基于相关业务需求，提供契合业务上下文的自适应的安全服务能力；在移动化业务的快递迭代节奏下，优化移动应用安全开发平台，形成敏捷的安全业务交付能力，确保安全跟上移动业务的变化需求。

4. 全域物联网安全

电力全域物联网是通过在电力生产、输送、消费、管理各环节，部署具有感知、计算、执行和通信等能力的设备，按照约定协议，连接物、人、系统和信息资源，实现电力全业务域万物互联、协同互动的智慧物联生态系统，是智能电网的典型特征之一。全域物联网应用终端接入量大，网络情况复杂，需构建分层防护、逐级认证的纵深防御体系。以物联网关为边界实现"云、边"和"边、端"两级认证，管控来自感知终端侧的接入风险，收敛针对平台侧的攻击面，实现"高低"安全区的差异化边界防护。

（1）总体架构。根据国家网络安全相关要求和物联网技术特点，全域物联网安全防护按照"云管边端"的层级综合建设，加强平台防护和纵向加密认证，规范感知设备接入，保证整体安全防护能力。物联网安全防护总体架构见图4-55。

（2）平台层安全。物联网平台根据电力监控系统业务或管理信息系统业务属性，提供相应的本体安全防护能力。确保操作系统、中间件以及数据库自主可控，从数据全生命周期实施安全防护，并制定敏感数据分类分级的安全防护策略。在云计算环境下，针对物联网平台与其他租户间构建虚拟安全区域边界，并接入云平台安全资源池相关服务。配置高可靠、大带宽的双向安全隔离装置，以适应高实时大带宽物联网数据流的内外网交互需求。

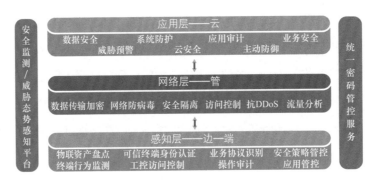

图 4-55　物联网安全防护总体架构

（3）网络层安全。全域物联网主要采用运营商 APN 专网进行通信传输，根据物联网应用所属安全大区部署相应的纵向加密认证措施。采用基于国密算法的 VPN 防护方案，在系统主站侧部署安全网关，在终端、网关侧部署外挂或嵌入式安全模块，与主站安全网关配对使用，构建安全传输通道，对传输数据机密性、完整性进行保护。

（4）感知层安全。

配电智能网关安全。配电智能网关采用智能网关安全技术，部署应用于电力全域物联网感知层和平台层之间，负责感知层采集数据的汇聚、传递，开展边缘计算，完成数据本地化处理，承载了收敛攻击面的关键作用。在关键边缘计算设备中加载一体化监测接口或流量探针，应用通信网络流量监测与诊断技术，实现网络流量分析和威胁监测预警。设备本体部署轻量级安全防护措施，过滤非法节点，抵抗数据重放攻击，实现全域物联网感知设备的身份认证、安全审计、安全接入、本体防护等功能。配电智能网关安全技术架构见图 4-56。

感知终端安全。各类传感器、采集装置和集中器等感知终端设备，通过接入智能网关后或独立上传等方式，完成数据采集、上送。感知终端具备与业务系统等保级别相适应的物理防护措施、入侵防范措施和计算环境保障。感知终端接入物联网平台时，应能通过多维信息对其身份验证。同时，物联网平台与网络或安全设备联动控制，防止感知终端攻击扩散，实现全网协防处置、情报和信息共享。

四、智能电网网络安全未来发展展望

智能电网是我国新型关键基础设施，是数字中国的核心部分，是数字经济的重要驱动。

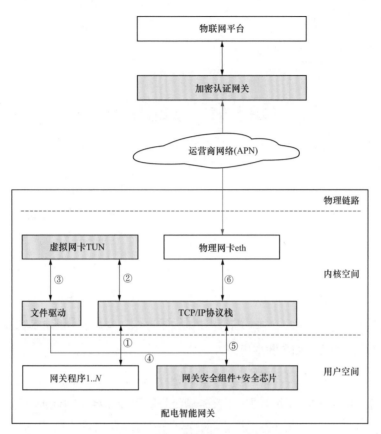

图 4-56　配电智能网关安全技术架构

智能电网建设与网络安全防护，应坚持"三同步"的原则。智能电网网络安全防护，应以习近平新时代中国特色社会主义思想为指导，深入贯彻习近平总书记关于网络安全的系列重要讲话精神，坚持新发展理念，树立正确的网络安全观，贯彻落实《网络安全法》《密码法》等相关政策法规要求。智能电网网络安全建设，应回归"人民电力为人民，网络安全靠人民"的宗旨，秉承"一切事故都可以预防"的理念，坚持改革创新，推进科技兴安，强化源头防范，打造本质安全型电力系统。智能电网网络安全建设，按照"统筹规划、安全可控、积极防御、重点保障"发展原则，应积极应对国内外网络安全形势变化，解决新技术、新应用、新业态伴生的新问题、新风险和新挑战，支撑和保障智慧能源生态系统构建。

第七节　本章小结

本章以南方电网公司"云—管—边—端"智能配电网技术架构为基础，系统梳理了各层级功能架构和关键技术。适应新型电力系统建设需求的智能配电网建设应以电网数字化、智能化为重点，以数据流引领和优化电网能量流和业务流，支撑配网业务创新，采用"系列感知＋边缘技术＋多类型通信＋统一平台＋数据融合"的技术路线，形成从终端到系统应用的整体解决方案，打造"状态全感知、设备全连接，数据全集成，业务全智能"的智能配电网，实现广泛互联和全面感知。

在端侧，终端设备的功能和性能更多地由软件定义，向智能化处理和多功能集成方向发展。芯片算力和集成度的快速提升以及轻量级物联网操作系统的逐步成熟，解决了边缘算力不足的问题，"多专业功能融合、智能分层"和"智能处理"边缘的技术架构设备成为智能配网的重要形式，实现各类传感终端与智能网关之间的即插即用和远程维护。

在边侧，智能 AI 应用逐步深化。未来通过大量的边缘物联网计算节点，实现现场各种智能传感器和智能服务终端的统一接入、数据分析和实时计算设备或组件，与物联网双向互联平台，实现跨专业数据的本地集成和共享、区域自治、云边协同业务处理，具有硬件平台化和软件容器化的特点，实现软硬件解耦、统一通用架构、个性化定制应用、开放共享终端应用生态等功能。

在管侧，负载侧资源日益多样化和分散，亿万传感设备需要信息联网。电力通信网络的业务需求向大连接、低时延、高可靠、大带宽方向发展。5G 作为新一代无线通信系统的发展方向，将为智能电网建设提供重要支撑，为电力通信网络"最后一千米"的无线通信接入提供更好的解决方案。

在云侧，海量数据的处理能力进一步提升。大量设备接入配电网，配电网侧需要及时获取低压配电台区、分布式能源等现场的电量和状态量数据，以统一的电网数据模型为基础，以地图为入口，承载各类电网设备图形、拓扑、台账的编辑、分析和管理，实现地理、物理、管理一体化数据，支持灵活、开放、全面的智能配电网相关的业务应用。

第五章

智能配电自动化技术

随着对供电可靠性与电网运行效率的要求不断提高，以及分布式电源的大量接入，传统的控制方式已无法适应配电网运行控制与管理的要求，提高配电网自动化程度的紧迫性进一步增加。

20世纪70、80年代，随着智能化自动重合器、自动分段器及故障指示器等设备的出现，故障点自动隔离及非故障线路的恢复供电得以实现，这种方式可以称为最初阶段的配电自动化，仅限于局部馈线故障的自动处理；20世纪90年代，随着计算机及通信技术的发展，形成了包括远程监控、电压调控、负荷管理等实时的配电自动化技术。21世纪，随着智能电网的兴起，配电自动化的功能与技术内容都出现变化，其功能特点要满足有源配电网运行监控与管理的需要，发挥分布式电源的作用，优化配电网的运行，并为复杂的配电网运行情况提供实时仿真分析和管理辅助决策支持，配电自动化新技术包括配电网自愈控制、网架优化、分布式新能源并网等。

第一节　配电自动化（自愈控制）技术

自愈性是配电网高度自动化的重要特征，它是智能配电网的"免疫系统"，也是智能配电网的重要标志之一。所谓"自愈"指的是电网在先进的监测和控制技术的基础上，通过对电网的运行状态进行实时诊断、评估，实现迅速定位故障、隔离故障并恢复正常供电，尽可能降低故障造成的影响。

配电网自愈是指在无需或仅需少量人为干预的前提下，利用自动化装置或系统，监视配电线路的运行状况，及时发现线路故障，诊断出故障区间并将故障区间隔离，自动恢复对非故障区间的供电。

一、配电自动化（自愈控制）技术路线

以简单、经济、安全、有效为原则，综合考虑地区经济发展需求、配电网网架结构及一次设备装备水平，因地制宜差异化地开展配电自愈系统建设，实现配电网可观可控，满足提高供电可靠性、改善供电质量、提升配电网管理水平的业务需求。

配电自动化（自愈控制）根据自动化实现技术手段的不同，主要包括集中控制型和就地控制型，见图 5-1。

集中控制型： 具备完整的配电自动化主站、终端及通信通道。通过配电终端与配电主站的双向通信，根据实时采集配电网和配电设备的运行信息及故障信号，由配电主站自动计算或辅以人工方式远程控制开关设备投切，实现配电网运行方式优化、故障快速隔离与供电恢复，集中控制型可兼容就地控制型自动化方式，或与就地控制型自动化方式混合使用。

就地控制型： 在配电网发生故障时，可不依赖配电主站，仅通过现场馈线自动化终端

图 5-1　配电自动化（自愈控制）

相互配合及自我决策，即可准确定位故障区域，快速自行隔离故障、恢复非故障区域供电，并支持将故障信号、开关动作情况、开关运行状态等信息及时上报配电主站系统或相关调度、运维人员，见表 5-1。

表 5-1　配电自动化（自愈控制）模式优缺点、应用建议

类别 ＼ 模式	集中型	电压电流型	电压时间型	级差保护型
供电区域	A+、A、B、C	A、B、C、D、E	A、B、C、D、E	A、B、C、D、E
网架结构	架空线路、架空电缆混合线路	架空线路、架空电缆混合线路	架空线路、架空电缆混合线路	架空线路、架空电缆混合线路
通信方式	EPON、工业光纤以太网	无线	无线	无线
外部条件	变电站出线开关配合主站	变电站出线开关保护配合，0.3s 延时，配置 1 次重合闸功能	变电站出线开关配置 2 次重合闸功能	变电站出线开关级差保护配合
定值适应性	定值统一设置，方式调整不需重设	定值与接线方式相关，方式调整需重设	接地隔离时间定值与线路相关	定值自适应，方式调整不需重设
优缺点比较	1. 灵活性高，适应性强；适用于各种配电网络结构及运行方式； 2. 开关操作次数少； 3. 通信可靠性、实时性要求较高	1. 就地完成故障定位、隔离 2. 线路运行方式改变后，需调整终端定值	1. 就地完成故障定位、隔离。 2. 快速处理瞬时故障。 3. 需要变电站出线断路器配置 2 次重合闸。 4. 线路运行方式改变后，需调整终端定值	1. 就地完成故障定位、隔离。 2. 具备接地故障处理能力。 3. 运行方式改变无需修改定值。 4. 非故障区域恢复供电时间长

续表

类别 \ 模式	集中型	电压电流型	电压时间型	级差保护型
应用建议	建议具备主站及光纤通信条件的区域采用，城市中心区（A+、A）类区，适用所有网架结构，变电站出线开关配置 1 次重合闸功能，具备光纤通信条件	城市、城郊及农网（B、C、D、E）类地区，适用单辐射、单联络等简单网架，变电站出线开关具备 1 次重合闸功能且有 0.2 秒保护延时时，宜采用电压电流型	适用于辐射状、"手拉手"环状和多分段多连接的简单网格状配电网，城市、城郊及农网（B、C、D、E）类地区，变电站出线开关具备 2 次重合闸功能	适用于配电网架空、架空电缆混合网等网架，变电站出线开关具备充裕的保护延时，分段开关较少的线路，分支采用较多

二、配电自动化（自愈控制）关键技术

智能配网自愈的实现需要应用包含了继电保护、自动化设备、通信系统、数据采集与监测、状态估计、故障定位、供电恢复等多个领域，在此介绍部分关键技术：

1. 智能监测技术

数据采集与监视控制系统（Supervisory Control and Data Acquisition，SCADA）改变传统的配电网信息监测模式。它可以采集数据信号、远程操控控制系统、提示和报警配电网故障、更新和维护数据库、追忆已发生故障、生成图文报表等基本监测和控制功能。其智能和先进性体现在对系统信息掌握的完整性和实时性，以及可以分析诊断。

量测系统 AMI（Advanced Metering Infrastructure）的主要作用是对用户用电信息的收集、存储和分析，是电力、网络、计算等各个领域的综合技术。利用智能仪表，AMI 可以获取各类从能源到消费者之间的计量值，从而获取整个电网末端海量数据。

2. 运行状态评估

运行状态评估是配电自动化主站的重要功能，是能量管理系统的核心组成部分。其作用是依靠实际测量获取电力系统的运行数据。状态评估的精确与否，影响着后续的程序算法分

析计算结果，以及影响着电力系统状态的判定。随着配电网自动化技术的进步，配网的运行状态评估的范围包括电网、设备运行状态的评估，脆弱性、风险性的评估以及安全预警功能等。

3. 故障自动定位技术

配电网故障定位，即配电网在发生故障后，迅速、准确确定故障发生位置的过程。配电网故障定位主要有以下三个方面：

1）故障选线，即识别出母线多条出线中的故障线路，其研究重点是小电流接地配电网中发生单相接地故障时故障线路的判别；

2）故障区段定位，即确定故障点所在的区段；

3）故障点定位，也称之为故障测距，即直接确定故障点的具体位置。

尽管目前已经有大量的故障选线策略，但是由于单相接地故障中不稳定故障电弧等因素的影响，实际效果并不明显。而配电网由于线路长度较短，故障测距的误差往往较大，因此故障测距在配电网故障定位研究中仍属于前瞻性研究。

4. 故障自动隔离技术

故障隔离是在故障定位之后，对所有故障区段分别进行隔离，给出隔离故障所需要操作断开的开关集合。故障隔离根据故障定位到的区段位置，结合网络拓扑关系找到故障所在区段的边界开关，将这些故障区域的边界开关形成隔离开关集，最终得到故障隔离的开关操作序列。

对于不可控的开关类型可以进行设置，若采用远方遥控方式，则在故障处理时，跳过此类开关寻找相近区段进行故障隔离与恢复。针对电压时间型架空线路，隔离开关由于电压时间型线路的开关特性，已自动无压分闸，故主站下发的遥控命令不同于普通线路的遥控开关分闸命令，而是遥控开关合闸闭锁命令。

5. 网络重构技术

配电网络重构是实现配电网络优化运行的一种重要控制手段。配电网重构是指在满足系统电压、电流、变压器容量等基本要求的前提下通过改变网络的拓扑结构来改变网络的运行状态，从而达到平衡负荷、改善节点电压偏移、消除过载、降低网络有功功率损耗等目的。

配电网在故障情况下的重构也称为故障恢复，指系统发生故障后，在迅速定位故障位置并隔离故障的基础上，及时找到非故障区的最佳恢复供电路径，对配电网的联络开关及分段开关进行操作，将断电负荷转移到其他馈线进行供电，完成配电网故障恢复的任务。配电网重构可以有效减少停电面积，快速恢复非故障区域的供电，减少停电损失，是智能配电网自愈功能实现的重要一环，对于提高用户满意度、降低网损等都具有重要意义。

三、配电自动化（自愈控制）建设举措

因地制宜地选择配电自动化建设模式。差异化开展配电自动化建设。高可靠性地区采用智能分布式或集中式配电自动化方案，实现配电网自愈控制；中心城区推广集中式或就地型重合器式方案，实现故障自动隔离与自动定位；其他城镇地区的支线配置带故障跳闸功能的开关，实现支线故障隔离；其他区域，部署集中监测终端或故障指示器，提高故障定位能力和分析能力。

开展配电自动化主站建设。按照 OS2 技术体系全面建设完善配电自动化主站平台，实现配电网运行状态全面监测、故障定位与处理、抢修业务流程的一体化贯通、故障自动隔离与恢复等功能；重点区域部署配电网自愈控制、状态估计及安全评估、分布式电源接入管理、电动汽车多元负荷互动响应等功能。

建设以智能代理理念为基础的分层分布式控制体系。分层分布式控制系统分为设备层、分布控制层和集中决策层三个层次，在实现配电网可观可测的基础上，完成分布式电源功率预测、柔性负荷预测、可调度容量分析、协调控制策略优化等功能。分层分布式控制系统可有效平滑风电、光伏等出力波动、提高配电网对可再生能源的消纳能力、降低电网峰谷差、提高设备利用率、降低配电网损、实现源－网－荷协调控制，全面提升配电网的安全可靠运行水平和经济性。

试点区域性控制保护技术。在配电网、微电网层面试点应用区域性控制保护装置，研究新能源及分布式电源接入对系统继电保护的影响以及采用区域电网控制与保护技术的解决方案，配合 OS2 的推广应用进行相关配套改造以提高设备自动化和电网智能化水平。

　　提升数据融合分析应用能力。加强营销、调度系统数据融合，完善大数据业务支撑体系，建立满足配用电业务需求和性能指标的大数据体系架构，解决智能配用电大数据业务应用的关键技术问题。建设智能配用电大数据应用示范系统，提供智能配用电大数据典型业务应用功能模块，以及丰富的可视化组件库，见表 5-2。

表 5-2　配电自动化（自愈控制）技术路线

系统功能	终端配置模式	实现功能	实施范围	实施条件
自愈控制	智能分布式	快速恢复，自适应控制	A+、A 类地区：高负荷密度、高可靠性要求、高运维水平区域。	1. 光纤以太网； 2. 强大的终端决策功能。
拓扑优化 网络重构	集中式	故障自动隔离自动恢复，网络优化，网络重构	A+、A 类地区：核心区域，负荷发展快，网络拓扑结构复杂，通信可靠设备运行条件良好，运维到位； B 类地区：可根据实际需求采用集中型控制方案。	1. 用光纤，局部可辅以无线通信，通信可靠性要求高； 2. 主站控制终端； 3. 开关改弹簧操作机构； 4. 加装 TA、TV； 5. 运维支撑（交通便利，运行条件良好，电池定期维护，厂家服务到位）。
自动隔离 自动恢复 自动定位 业务流程一体化	就地型 重合器式	故障自动隔离自动恢复，故障处理信息上传，运检流程贯通	B、C、D 类地区：一般城区，网络结构清晰，负荷发展相对稳定，设备免维护。	1. 无需光纤覆盖； 2. 电压时间型终端； 3. 开关改电磁操作机构； 4. 加装双侧 TV，预留 TA； 5. 免维护。
SCADA 可观可测	运行监测型	配电网可观可测，故障自动定位	B、C 类地区：可考虑使用。	1. 可采用光纤+无线通信方式，可靠性要求适中，满足在线率要求； 2. 运行监控终端； 3. 开关加装 TA、TV。
	故障指示器	基本故障定位，自动工单下发	B、C、D 类地区：可根据实际需求配置故障指示器； E 类地区：供电可靠性要求较低，可采用故障指示器型。	1. 可采用光纤+无线通信方式； 2. 故障指示器。

供电分区	终端类型	过渡技术方案	过渡通信方式	目标技术方案	目标通信方式
A+类	三遥	电缆：集中控制型、智能分布式就地馈线自动化	光纤专网	电缆：集中控制型、智能分布式就地馈线自动化	电缆：光纤专网
A 类	三遥、二遥	电缆：集中控制型；架空：集中控制型为主，不具备可靠安全的通信条件时可采用就地控制型	无线公（专）网、光纤专网	电缆：集中控制型、智能分布式就地馈线自动化；架空：集中控制型	"三遥"终端优先采用光纤通信，其余光纤为主、无线公（专）网为辅
B 类	三遥、二遥	电缆：集中控制型、就地控制型；架空：集中控制型、就地控制型	无线公（专）网、光纤专网	电缆/架空：集中控制型、就地控制型	"三遥"终端优先采用光纤通信，其余光纤为主、无线公（专）网为辅
C 类	二遥、三遥	电缆/架空：集中控制型、就地控制型，辅以故障定位	无线公（专）网	电缆/架空：集中控制型、就地控制型。	无线公（专）网为主，光纤专网为辅
D 类	二遥、一遥（故障指示器）	就地控制型、以故障自动定位为主的运行监视型、辅以故障指示器	无线公（专）网。	就地控制型为主，特级城市采用集中控制型、辅以故障指示器。	无线公（专）网。
E 类	二遥、一遥（故障指示器）	就地控制型、以故障自动定位为主的运行监视型、辅以故障指示器	无线公（专）网。	就地控制型为主、辅以故障指示器。	无线公（专）网。

第二节　配电网网架优化及布点

一、配电网网架优化要求

配电网网架优化是提升配电网可靠性和供电质量的重要环节，应贯彻国家法律法规和南方电网公司建设方针，符合国民经济和社会发展规划和地区电网规划的要求。为安全、可靠、绿色、高效地向用户供电，配电网应具有必要的容量裕度、适当的负荷转移能力、一定的自愈能力和应急处理能力、合理的分布式电源接纳能力，提高配电网的适应性和抵御事故及自然灾害的能力。应将提高供电可靠性作为配电网网架优化的核心目标，坚持以客户为中心提升优质服务水平的原则，并做到安全可靠、技术先进、经济适用、节能环保。

配电网网架优化应满足地区经济增长和社会发展的用电需求，增强各层级电网间的负荷转移和相互支援能力，构建安全可靠、能力充足、适应性强的电网结构，满足用电需求，保障可靠供电，提高运行效率。同时应遵循差异化原则，根据不同区域的经济社会发展水平、用户性质和环境要求等情况，采用差异化的建设标准，合理满足区域发展和各类用户的用电需求。最后，配电网网架优化应适应新能源、新技术和新应用的发展需求，做到供电可靠、运行灵活、节能环保、远近结合、适度超前、标准统一。

二、高压配电网网架优化要求

110kV 配电网实现以 220kV 变电站为中心、分片供电的模式，各供电片区正常方式下相对独立，但必须具备事故情况下相互支援的能力。为了便于运行管理，同一地区 110kV 配电网网络接线型式应标准化，其目标接线推荐方式如表 5-3 所示，同一地区的 35kV 配电网网络接线方式应标准化，推荐的网络接线推荐方式见表 5-4。

表 5-3 110kV 配电网网架结构目标接线推荐表

供电分区	链型接线		T 型接线	
	过渡接线	目标接线	过渡接线	目标接线
A+、A 类	双回辐射 双侧电源单回链（1 站）	双侧电源完全双回链 双侧电源不完全双回链 双侧电源单回链（1 站）	单侧电源三 T 单侧电源双 T	双侧电源三 T 双侧电源∏ T
B 类	双回辐射 双侧电源单回链	双侧电源不完全双回链 单侧电源不完全 / 完全 双回链 双侧电源单回链（1 站）	单侧电源双 T 双回辐射	双侧电源三 T 双侧电源完全双 T 双侧电源∏ T
C 类	单回辐射	单侧电源不完全双 / 完 全回链 单侧电源单回链 双侧电源单回链 双回辐射	单回辐射 单侧电源单 T	双侧电源三 T 双侧电源不完全双 T 单侧电源双 T 双侧电源∏ T
D、E 类	单回辐射	单侧电源单回链 双侧电源单回链 双回辐射	单回辐射 单侧电源单 T	单侧电源双 T 双侧电源不完全双 T 单侧电源单 T

表 5-4 35kV 配电网网架结构接线推荐表

供电分区	链型接线		T 型接线	
	过渡接线	目标接线	过渡接线	目标接线
C 类	单回辐射	单侧电源不完全双回链 单侧电源单回链 双侧电源单回链 双回辐射	单回辐射 单侧电源单 T	单侧电源双 T 双侧电源不完全双 T 双侧电源∏ T
D 类	单回辐射	单侧电源单回链 双侧电源单回链 双回辐射	单回辐射 单侧电源单 T	单侧电源双 T 双侧电源不完全双 T
E 类	单回辐射	单侧电源单回链 双侧电源单回链	单回辐射	单侧电源双 T 单侧电源单 T

三、中压配电网网架优化要求

中压配电网应根据变电站位置、负荷密度和运行管理的需要，分成若干个相对独立的
供电区。分区应有大致明确的供电范围，正常运行时不交叉、不重叠，分区的供电范围应

随新增加的变电站及负荷的增长而进行调整。对于供电可靠性要求较高的区域，应加强中压主干线路之间的联络，在分区之间构建负荷转移通道。原则上，同一馈线组联络线路不超过 4 回。中压电缆线路可采用环网结构，环网单元通过环进环出方式接入主干网。主干线的环网节点不宜超过 6 个，不宜从电缆环网节点上再派生小型环网。中压架空线路主干线应根据线路长度和负荷分布情况进行分段（不宜超过 5 段），并装设分段开关，重要分支线路首端应安装分界开关。10kV 配电网典型接线方式见表 5-5，20kV 配电网典型接线方式见表 5-6。

表 5-5　10kV 配电网典型接线方式

供电分区	过渡接线	目标接线
A＋类	电缆："2-1"单环网 两供一备	电缆："N-1"单环网（N = 2，3） N 供一备（N = 2，3） 开关站式双环网
A类	电缆："2-1"单环网 两供一备 架空：N 分段 N 联络（$N ⩽ 5$，$N ⩽ 3$）	电缆："N-1"单环网（N = 2，3） N 供一备（N = 2，3） 开关站式双环网 架空：N 分段 N 联络（$N ⩽ 5$，$N ⩽ 3$）
B类	电缆：单辐射 "2-1"单环网 两供一备 架空：N 分段 N 联络（$N ⩽ 5$，$N ⩽ 3$）	电缆："N-1"单环网（N = 2，3） N 供一备（N = 2，3） 独立环网式双环网 架空：N 分段 N 联络（$N ⩽ 5$，$N ⩽ 3$）
C类	电缆：单辐射 "2-1"单环网 两供一备 架空：单辐射 N 分段 N 联络（$N ⩽ 5$，$n ⩽ 3$）	电缆："N-1"单环网（N = 2，3） N 供一备（N = 2，3） 架空：N 分段 n 联络（$N ⩽ 5$，$n ⩽ 3$）
D类	架空：N 分段 N 联络（$N ⩽ 5$，$N ⩽ 3$） 单辐射	架空：N 分段 N 联络（$N ⩽ 5$，$N ⩽ 3$）
E类	架空：单辐射	架空：单辐射

注　单辐射线路分段数量应根据线路供电半径长度、负荷等情况合理配置，且至少 2 分段。

表 5-6　20kV 配电网典型接线方式

供电分区	过渡接线	目标接线
A＋类	"2-1"单环网 两供一备	双环网 "3-1"单环网 N 供一备（N = 2，3）、"花瓣"型接线

四、低压配电网网架优化要求

低压配电网结构应简单安全，宜采用以配电站为中心的放射型接线方式，采用双配电变压器配置的配电站，两台配电变压器的低压母线之间应装设联络开关，变压器低压进线开关与母线联络开关设置可靠的联锁机构。低压配电网应以配电站供电范围实行分区供电。低压架空线路可与中压架空线路同杆架设，但不应跨越中压分段开关区域，自配电变压器低压侧至用电设备之间的配电级数不宜超过三级，负荷接入低压配电网时，应使三相负荷平衡。为居民住宅小区、医院、学校、商场以及政府机构等用户供电的公用台区，低压开关柜宜根据供电可靠性要求，设置应急发电车接入的低压开关或接线柜并加装快速接入装置，满足应急电源快速、正确接入。

五、配电自动化终端布点要求

配电自动化终端的一个重要功能是故障处理能力，包括故障查找、隔离、转供和修复。故障处理时间主要包括故障区域查找时间、故障隔离和转供（开关操作）时间以及故障修复时间。配电自动化终端设备造价昂贵，经济成本是必须考虑的重要问题。如果配电主站按照市区全覆盖的规模配置，并且对所有的开关进行改造并架设通信通道，将导致非常低的投资收益率，规划时非常有必要对配电自动化系统建设方案的投资效益进行定量分析。科学地配置配电自动化终端可以缩短故障处理时间，应综合考虑供电需求、经济条件及投资效益等因素，从而制定出尽可能合理的配电终端布点方案。

总体而言，配电自动化终端布点应符合 DL/T 1406《配电自动化技术导则》、DL/T 5709《配电自动化终端布点导则》等相关标准的规定，应以提高供电可靠性、改善供电质量、提升运行管理水平和供电服务能力为目的，根据本地区配电网现状及发展需求，分区域、分阶段实施。

配电自动化终端布点应以"简洁、实用、经济"为原则，各供电分区应按标准制定合理的目标网架和配电自动化建设模式，合理配置关键分段开关和重要分支开关，重要节点设备宜一次选定。应纳入本地区配电网整体规划，配电自动化应按照设备全生命周期管理要求，充分利用已有设备资源，与配电网一次网架相协调，结合一次设备的建设与改造逐步实施，避免对一次系统进行大规模的提前改造。

第三节 模块化、标准化建设技术

智能配电遵循功能一体化、设备模块化、接口标准化的建设原则，推广应用小型化、高精度、免维护的电气量采集、状态监测类传感器，实现一二次设备融合、电气量采集精度提升、设备状态自感知，提升设备智能化水平。

一、一二次融合开关柜

1. 基本情况

一二次融合开关柜为一种高可靠性、高安全性的智能中压配电设备，包括配网自动化终端、监测设备和开关设备，主要用于配电网配电房、开关站等场景。一二次融合开关柜将传统的开关单元、二次系统的量测、通信、自动化及电源等模块整合设计，实现一、二次设备的分区和深度融合，并结合监测设备及对开关运行状态、柜内温湿度状况、电缆头温度、开关动作特性等进行监测，使配电网设备实现智能化。一二次融合开关柜实物图见图5-2。

2. 关键技术

（1）一二次接口双端预制技术。采用一二次接口双端预制技术，设计双端预制电缆，对航空插头或其他预制连接件的不同功能进行划分，实现开关柜功能的快速扩展；同时综合考虑终端和传感器位置、信号传输类型、传输电压等因素，使用单根多芯电缆、军工级

图 5-2　一二次融合开关柜实物图

航空插头，以实现电缆标准化设计，包括电缆规格选型、航插规格选型、航插端子定义、电缆长度等，达到工厂化生产、模块式安装的效果，减少现场工作量，提高工程质量和效率，外观更加简洁。优化接口技术，合理规划遥测数字接口、电源接口及串行通信使用的航插接口，最终实现 2 个以太网接口设计的芯片化 DTU 装置，并在汇集 DTU 装置处设置光电转换模块，实现与主站的通信。

（2）芯片化 DTU 小型化及功能优化。一二次融合开关柜的深化研究及研发应用，核心在于对 DTU 装置进行研发升级，旨在使相同功能的 DTU 体积在一代基础上减少 10% ～ 20%，提高装置防护等级以及降低装置二次配线复杂程度。采用微型 DTU 设备，简化其采集单元硬件设计，通过透明化传输技术，实现在微型化 DTU 处理单元统一配置统一维护。通过采用微型化 DTU 采集单元分布式部署，完成基本保护控制功能的同时，还可实现与站端微型处理单元的双向互动，完成电力系统的故障自愈功能。

（3）芯片化 DTU 信息安全方案。为满足电力监控系统安全防护总体要求，本设备内部硬件采用加密芯片集成技术、基于分布式架构的配电终端信息安全加密方案设计及无线维护安全策略相结合的芯片化 DTU 信息安全方案。该设计方案保障加密芯片功耗低、集成度高、配置灵活、免维护，可以适应复杂运行环境，具有高可靠性和稳定性。

3. 技术先进性

与当前传统开关柜需配套独立的配网自动化终端（DTU）相比，一二次融合开关柜简化系统接口及内部接线，对不同设备所需的相同信号进行复合应用，减少重复采集和接线，提出标准接线定义，做到统一接口标准。进一步完善和丰富配电自动化智能终端的功能，使其除具备三遥采集和控制、基本故障判断和保护外，还能采集各监测设备的温湿度、电缆头温度、局放等数据，能实现故障录波并进行就地液晶界面的曲线查询，具备当前在配网中开始推广使用的 61850 通信技术，真正实现将一二次电气设备智能化融合进开关柜，提高配电网运行的可靠性，为坚强智能电网打下坚实基础。

二、一二次融合柱上断路器

1. 基本情况

一二次融合智能柱上断路器（见图 5-3），实现了电压传感器、电流传感器及自取电电源与断路器本体的高度集成，其具有保护、测量、计量和远动等功能，可实时监控运行状态、控制状态、负载能力等，从而能够实现电网设备的可观可测可控。其主要用于配电网架空线路，可适应分段、分界、联络等不同位置的馈线自动化需求场景。

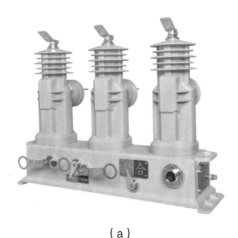

（a） （b）

图 5-3 一二次融合柱上断路器实物图及安装图
（a）实物图；（b）安装图

2. 关键技术

（1）高精度、高可靠性的电流及电压传感器。一二次融合智能柱上断路器采用高精度、高可靠性、小型化、抗干扰强的嵌入式电流及电压传感器，根据保护测量需求，通过在断路器的进出线处和类型选择上进行灵活配置，实现对线路电流、电压的高精度、高可靠性测量。

（2）FTU 融合故障测距定位功能技术研究及故障测距定位模块装置。本设备采用行波注入法的技术，在 FTU 终端中融合实现架空线路故障测距定位功能，故障测距定位的精确度在 300m 误差以内。相应在 FTU 终端内完成故障测距定位功能模块、模块软件的融合研制。

（3）FTU 馈线开关监控终端模块化设计技术和装置。采用基于模块化设计的 FTU 馈线开关监控终端，根据 FTU 的功能划分进行模块化设计，各模块之间独立运行，功能模块的更换及升级需满足即插即用要求。

3. 技术先进性

一二次融合柱上断路器通过开关本体融合传感器，可提供两侧的三相电压、三相电流、零序电压和零序电流，丰富了馈线终端的功能，适应不同网架结构和组网方式，可满足重要区域重要分支线。当出现负荷较快发展和用户需求增加时，支线分界开关可满足一次建成的实际需求，提前规划建设以减少未来的重复建设和升级改造，具有良好的社会效益和经济效益。柱上断路器安装对比图见图 5-4。

图 5-4　柱上断路器安装对比图（左侧为传统型，右侧为一二次融合型）

三、低压智能配电箱

1. 基本情况

低压智能配电箱主要适用于城乡电网 10/0.4kV 户外台式变压器低压侧安装使用，可通过无线通信专网与物联网平台、生产运行支持系统等进行数据通信，可以实现对配电智能化终端的自动化控制功能，并具有无功补偿、配电网运行状态监测等功能，保证配电系统始终运行在安全、高效的状态中。同时，通过智能台区中的综合配电箱，配电系统可以实现和电力主网同样的遥信、遥测和遥控功能。此外，借助于低压智能配电箱显示单元，实时观察电能质量数据，并利用数字通信技术上载至生产运行支持系统，从而进行有效的实时监控，提高运行效率，强化能源管理。

2. 关键技术

（1）配电箱进出线方式高通用性方案。低压智能配电箱进出线方式的高通用性技术，结构紧凑，改变传统的设计理念，实现多选的进出线方式，提高了现场施工安装进出线方式的高通用性，延长配电箱使用寿命。其进出线方式兼容了下进下出、侧进侧出，使配电箱在使用过程中，可以选择多种进出线方式，具体可以根据现场安装情况进行选择和调整。同时侧边进线侧边出线的方式，在配电箱箱体左侧进线，左右侧出线，使其侧进侧出的方式也更加灵活，方便调整。

（2）发电车应急电源快速接入装置。本快速接入装置主要包括可变式后插座及圆头自锁紧式插头两大部分，圆头自锁紧式插头配合可以快速完成发电车的接入，快捷方便。基于全应用场景的可变式后插座包括 U 型支架、底板、母头插座，安装于插座面板带颜色盖板的后方，盖板有效保护母头，防止灰尘进入母头插座，防止外力破坏母头。

（3）电能质量综合治理方法技术。使用的智能电容模块具有即插即用的安装调试方式，具备无功补偿及有功平衡调节两种模式，根据实际运行情况，可实现单体分补、共补或线补的就地无功补偿。体积尺寸紧凑，使用 SVG 与智能电容协同控制调节补偿方法，适应现代电网对无功补偿及有功平衡调节的更高要求。

3. 技术先进性

低压智能配电箱在满足《标准设计 V3.0》的基础上，把所有智能装置、设备、设施集合为一体，加大各个装置、设备、设施之间的关系程度和联系程度，大大降低在区域方面的占据空间，同时还降低了设备与设备之间的独立性，高效配合有助于提升设备设施的精确性、准确性还有采集有效数据的实效性，快速完成数据、电能方面的检测、无功补偿、判断故障、隔开等多项功能，让整个管理过程都使用智能化的方式，使其得到更加广泛的使用空间和范围。与物联网平台、生产运行支持系统相连，方案可靠性高、适应性强，支持面向全南网推广，满足智能电网和配网自动化的发展要求。

四、架空线高精度录波故障指示器

1. 基本情况

基于高精度无源补偿铁芯开口电流互感器设计，在配电线路电流 0~600A 均能进行高精度电流测量，采用"暂态 + 稳态"智能接地研判算法，不依赖主站接地算法库和其他辅助装置就地判断接地故障。有效解决配电线路高阻和过零点接地等难点，通过系统仿真和数模仿真新一代架空就地研判型高精度录波故障指示器的接地故障判断正确率在 95% 以上，满足现场运行实用化要求。

（1）短路故障：能识别配电线路永久短路接地故障和瞬时性接地故障，并根据故障性质自动选择复归方式。

（2）接地故障：采用暂态 + 稳态智能接地故障研判算法，不依赖主站或其他辅助装置就地识别接地故障。

（3）信息上传：具备电流、电场、故障信息、故障电流、故障波形、电池电压、温度和地理位置等信息上传功能。

2. 关键技术

架空线高精度录波故障指示器由基于"高精度无源补偿开口铁芯互感器"高精度电流测量技术、电场差分测量、三相同步采样、低功耗运行、采集单元线路取电 + 超级电容 + 备用电池三级供电系统、暂态 + 稳态接地故障就地研判算法、低功耗无线射频通信、汇集单元太阳能 + 蓄电池供电系统、无线通信、通信协议、数据加密、数据存储、汇集单元守时和 GPS/ 北斗授时等技术。

架空线高精度录波故障指示器应用场景见图 5-5。

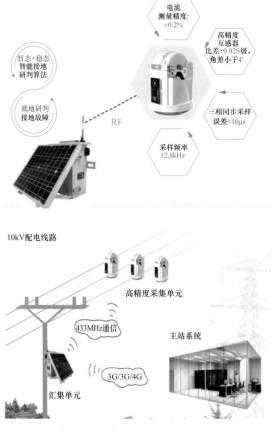

图 5-5 架空线高精度录波故障指示器应用场景

3. 技术先进性

（1）架空线路故障定位。架空线路故障通常包括速断故障、过流故障、单相接地故障三种类型，通过架空线路采集单元对线路电流、对地电场、故障状态、是否带电、线缆温度、取电功率等架空线路信息进行监测，帮助运行人员全面掌握线路运行状态等数据，实现架空线路的工况监测。架空线路故障定位功能主要特点如下：

1）创新的精确电流测量和对地电场检测技术。可在线路电流 0~600 A 范围内获得 ±1% 的测量精度，可高灵敏度检测线路对地电场幅度 ±1% 的变化，可精准识别线路工况。线路故障或召测时可对电流录波，以供积累运行经验，持续改善。

2）智能化检测线路故障，杜绝误动拒动。基于精准识别的线路工况，可准确检测相间短路、单相接地等故障。借助强大的信号处理和微机运算能力，可自动确定故障电流报警动作值；可有效防止负荷波动、合闸励磁涌流等导致的误动、拒动；具有反时限动作特性，可最大限度配合变电站保护动作特性，避开瞬时扰动，确保动作正确。

3）配电架空线路运行信息实时记录。为主站系统提供线路电流、对地电场、故障状态、是否带电等工况信息，还可以提供线缆温度、取电功率、电池电压等辅助信息，帮助运行人员全面掌握线路运行状态。

4）实时在线，线路状态随时掌控。采用短距离无线通信和 4G/5G 混合组网技术，支持各种复杂线路拓扑；主动定期（默认 5min，可设置）上报线路状态，具有通信传输双向确认和重传功能，确保数据传输的可靠性。随时掌控线路实时运行状态，杜绝传统故障指示器"一天一醒，一睡不醒"的现象，同时可有效降低 GPRS 流量资费。

（2）故障抢修。借助配网自动化手段或借助先进技术措施进行故障查线：采用先进设备对配电网进行实时监测，随时掌握网络中各元件的运行工况，利用故障信息的采集处理功能，对不同故障点进行故障检测、定位和故障点隔离以及恢复供电。

通过全域物联网平台各系统、全方位的故障指挥支持，实现全网故障抢修指挥、抢修流程记录和监视、抢修风险管控、停电计划优化等功能，实现抢修工作的闭环管理。提高电网抢修效率，持续提升供电可靠性和优质服务水平。

（3）更新规则知识库系统升级。增加架空线监测历史数据查询列表，按照单位、时间周期（日/月）等条件，钻取获取架空线监测历史数据，并通过表格形式进行展示，为设备监控运维提供辅助决策。新增架空线监测趋势分析模型，对架空线的线路电流、对地电场、故障状态、是否带电、线缆温度、取电功率、电池电压等辅助信息进行全程趋势监测，以曲线图方式展示，并按照时间周期（日/月）分析提取区间最大、最小值及其发生时间，实现对架空线路监测的故障趋势分析。

五、配电物联低压智能开关

1. 基本情况

配电物联低压智能开关采用国际先进技术设计、研制，其额定绝缘电压可达 1000V，适用交流 50Hz，额定工作电压至 400V，额定电流至 800 A。智能开关具有过载、短路保护装置，能保护线路及电流设备不受损坏，同时二次部分综保模块可带电进行热插拔更换并自动校准计量精度，内置蓝牙/载波通信模块，与配电智能网关的互联互通，即插即用。智能开关具有体积小、分断高、飞弧短、抗振动、一二次融合的特点，适合国家城农智能配电网台区、政府事业单位、工商业智慧园区等改造或新建电力项目，满足数据监测、远程监控等应用需求，服务新型电力系统。配电物联低压智能开关实物图见图 5-6。

图 5-6　配电物联低压智能开关实物图

2. 关键技术

（1）一二次模块化设计，二次更换不影响一次运行，可免停电更换，有效解决一二次设备不同寿命问题，降低重复投资风险，且二次模块支持不同低压开关厂家生产的传统电子式塑壳开关向新一代插拔式智能开关迭代升级和维修更换。

（2）同时具备热磁和电子式脱扣器。由于一二次设备不同周期寿命问题，在二次模块受不同恶劣环境影响出现保护功能失效时，一次设备还可以可靠地用其本体热磁电气保护设置来保护电路产生的故障电流，以保证人员生命和财产安全。

（3）配电物联低压智能开关具备有线（RS485）/无线（蓝牙）传输能力，通信协议规范定制，出厂前完成与智能网关联调，可实现与网关即插即用，扫码易联，安装后直接传输数据，大大缩短安装停电时间，提高投产率。

3. 技术先进性

配电物联低压智能开关采用插拔式综保模块，支持远程遥控和过载长延时、短路短延时、短路瞬时、过电压、欠电压、缺相、断相保护功能。综保模块内置蓝牙/载波通信模块，与配电智能网关的互联互通，可实现即插即用。采取不停电更换设计，二次综保模块可带电进行热插拔更换并自动校准计量精度，避免传统一二次融合的智能塑壳断路器因二次部分损坏导致整个断路器停电更换，二次更换不影响一次运行，有效解决一二次设备不同寿命问题。

六、一二次融合油浸式变压器

1. 基本情况

10kV 一二次融合油浸式变压器，采用立体卷铁心高效节能变压器，内置二次侧电流监测传感器，融合一体式油温、油位、油压状态监测装置（具备注油口），配接驳头温度监测、振动监测、倾角监测、水浸监测、环境温湿度监测等智能装置，通过高效节能变压器与多参量传感器的一二次深度融合，实现一二次装备结构集成化、功能模块化、接口标准化、维护简单化、状态感知化的深度融合和风险自动预警、故障自动诊断、策略自动生成的智能运维目标。适用于高层住宅、机场、车站、码头、地铁、医院、发电厂、冶金行业、购物中心、居民密集区等场所，也可以作为城乡电网建设与改造工程及其他配电工程的变压器更新换代产品。

2. 关键技术

（1）一二次融合油浸式变压器采用立体三角形卷铁心结构，三相铁心磁路完全对称，磁阻大大减少，励磁电流、空载损耗、负载损耗显著降低，具有制造节省材料，投入运行节能、噪声低、结构合理等优点，是新一代节能环保型油浸式变压器，技术性能达到国际同类产品的领先水平，填补了国内空白。

（2）内置二次侧电流监测传感器，融合一体式油温、油位、油压状态监测装置（具备注油口），配驳头温度监测、振动监测、倾角监测、水浸监测、环境温湿度监测等智能装置。

3. 技术先进性

一二次融合油浸式变压器为立体卷铁心全密封电力变压器，符合目前配网自动化发展方向，遵循《标准设计 V3.0》技术路线，由于极低的空载电流，对于降低电网损耗有很大作用，节能效果非常显著。同时，材料利用率更高，材料用量较叠片式变压器大幅降低，因而具有显著的社会效益。

七、智能表箱

1. 基本情况

智能表箱可广泛应用于低压用户侧，是一套基于电力物联网理念，集成高速载波、计量采集、拓扑识别、蓝牙通信与控制、RFID 识别、智能锁具、末端传感等前沿物联网技术的智能表箱整体解决方案。在实现智能电表用电信息远程采集的基础上，可根据电力客户的实际需要实现台区户表识别、线损分析、停电研判、智能开锁、位移监测等功能，结合边缘计算智能融合终端（能源控制器），实现电网末端全息实时物联感知与监测应用，有力支撑电力物联网建设。智能表箱示意图见 5-7。

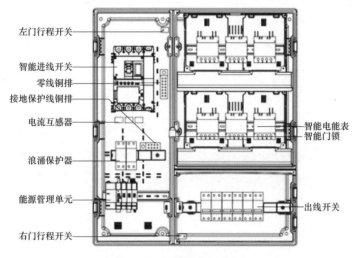

图 5-7　智能表箱示意图

2. 关键技术

（1）开箱识别：通过防拆按键或门磁方式识别表箱的开 / 关状态，并通过表箱的主控模块实时上报（4G 通信）状态给主站平台。

（2）载波通信集成：智能表箱可通过载波通信模块与集中器进行数据交互，通过 DL/T 645 规约报文把电能表数据转发给集中器。

（3）无线通信集成：智能表箱可通过多种无线通信方式采集电能表数据并通过集中器上报给计量自动化系统主站，也可用于接入周围低功耗传感器比如门磁监控、温湿度传感器、红外传感器等。

（4）表箱停电上报：智能表箱通过两种方式监控用户及线路的停电状态，一种是监控每个表箱进线的供电状态，当发现进线处掉电，将停电状态和表箱识别信息（ID 及地址等）马上上报给计量自动化系统作为快速故障响应及运维的支撑。另一种是通过蓝牙抄读方式监控每一户的停电状态，当出现停电异常时，把异常状态主动上报给计量自动化系统。通过该方式可减少每个表内模块为了支持停电上报而增加的硬件成本投入（主要元器件为电容），减少表内模块的设计难度和成本，提高表内模块的工作寿命和可靠性。

（5）数据分析及业务应用扩展：智能表箱拥有本地数据分析能力，利用蓝牙抄表方式采集每一户电能表的负荷曲线、电压曲线、电表状态，通过本地数据综合分析每一户用电情况，最终获取电压合格率、日/周/月不同纬度的负荷曲线、供电可靠性等指标数据，如果指标不合格，可按照表箱为单位进行现场维护，提高供电可靠性。

（6）4G 通信集成：智能表箱可通过 4G 通信模块，把采集到的用户数据直接上报给营配一体化管理平台，实现计量域和营销域的统一管理，支撑南网透明电网业务布局。

（7）智能断路器：通过加装剩余电流监控装置，检测表箱内是否漏电，当出现漏电时，通过本地监控分析模块判断并触发智能断路器隔离漏电部分，同时上报漏电状态给营配一体化管理平台，确保用电环境的安全运行。通过载波通信方式识别并上报每一个表箱内的户线信息给集中器，由集中器统一管理并识别台区户线关系。

3. 技术先进性

通过广泛改造智能元器件配置，智能表箱可实现低压配电网末端的智能信息采集和监控，逐步实现表箱、电能表各项指标的智能化远程监测，实现表箱的自动定位和展示，科学地实现低压用户末端用电安全、故障判定、信息采集、通信可靠、人机互动、遥控排查的智能化管理功能。

第四节　分布式新能源并网监测（储能）与智能微电网技术

配电网是电力系统面向客户的最后环节，伴随着应用需求的不断提高，传统的配电网逐步体现出一些不足之处。运行方面：点多面广、数据量大、设备繁多、拓扑关系复杂、线路改造频繁；维护方面：设备故障率高、运行维护工作量大，配电网图形模型维护异常困难。加之分布式能源及储能大量接入配网、电动汽车接入、需求侧互动等，传统交流配电网在电能供应稳定性、高效性等方面面临巨大挑战。部分新技术的提出，改善了配电网现状。

一、智能微电网技术

微电网（Microgrid）是将各种新能源纳入智能电网体系的物质基础和关键一环，作为可再生能源发电的有效载体，微电网连接低压分布式电源与高压配电网，无论是在并网还是孤岛模式下，其电能质量和可靠性都能得到有效保证，因此建设微电网是实现配电网技术改造、实现产业升级的有效途径。微电网基本组成部分主要包括各种分布式电源、储能系统、各级公共负荷与控制中心。分布式电源和储能单元通过电力电子变换器相互连接到公共耦合点（The Point Common Coupling，PCC），开关设备的可控性为微电网的灵活控制提供了可能。各发电单元依赖本地控制器即可实现底层的自同步，大大提高了微电网的容错能力。控制中心实时获取信息，对系统各个模块进行监测管理和能量调度，并从电力市场角度实现微电网系统的经济优化运行。可以看出，微电网是一个能够实现自我控制、管理、调度与保护的高度自治系统，并网时能够为大电网提供有力支撑，离网时能够可靠运行为关键负荷提供不间断供电。

（1）微电网的拓扑结构。微电网的结构主要取决于各分布式电源接口变换器的连接方式，串、并联和混联是形成微电网的常见连接方式。

类似于电力系统中并列运行的同步发电机，由逆变电源相互并联为公共耦合点供电构成微电网，称为并联型微电网。可再生能源并联连接，单元间干扰较小，具有较高的可靠性；单元数量的增减也比较容易，展示出系统的灵活性和扩展性；当某单元出现故障，对整个系统冲击较小，使整个系统具有不错的容错性与冗余性。但并联型微电网受限于单个电力电子接口耐压/耐流能力，其供电负荷的电压等级较低，并联型微电网在中低压配电系统中应用最为普遍。并联型微电网结构图见图5-8。

与并联结构相比，串联型微电网可以看做是微电网结构在垂直方向上的发展。受级联多电平变换器的启发，串（级）联型结构微电网可以应用在集成如光伏板、蓄电池组等低压微源上。串联微电网系统中，可再生能源单元通过双向逆变器串联，之后通过一条馈线

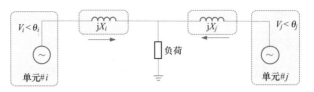

图 5-8　并联型微电网结构图

连接至交流母线上，母线另外一端连接着负载和其他电源。低电压等级的单元模块串联后可以达到交流母线的电压要求，而不需要使用昂贵、笨重的变压设备。但是，串联型微电网的建设受制于地理环境，且灵活性、容错性较低。串联型微电网结构图见图 5-9。

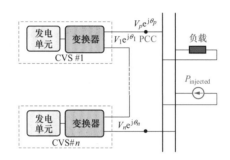

图 5-9　串联型微电网结构图

随着可再生能源渗透率的不断提高，微电网的结构也将不可避免地朝着大规模、多场景、灵活通用的方向发展。因此，形成了结合并联结构与串联结构优点的混联结构交流微电网。尽管混联型微电网在结构上只是简单的串、并组合，但是其系统的复杂度却成倍地上升，控制算法和动态行为也不能简单的叠加或类推。目前混联型微电网的应用仍需要针对特定场景单独设计。混联型微电网结构图见图 5-10。

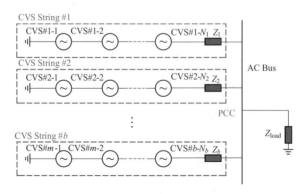

图 5-10　混联型微电网结构图

（2）微电网的智能控制。微电网各发电单元模块之间的协调同步与出力可控是微电网基本控制的目标。依照微电网协调控制框架，可将微电网的智能控制分为集中式、分布式、分散式三种。微电网系统控制类型示意图见图 5-11。

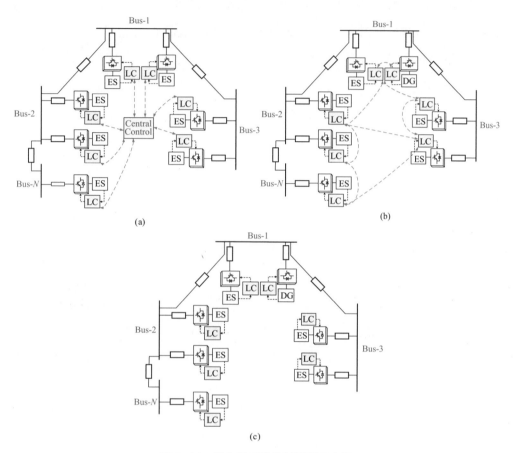

图 5-11　微电网系统控制类型示意图
（a）集中式；（b）分布式；（c）分散式

集中式控制，需要一个全局同一时钟的集中控制器，通过通信手段与系统中所有的本地控制器交互信息，根据实际需求计算各个模块电气量参考，然后向本地控制器发出指令进行调控。此类控制方法能够高效准确地分配各电源模块的出力、感知系统态势和进行故障诊断。但集中控制器需要处理源侧变动信息、网侧需求信息、系统故障信息、全局开关状态和电气量信息，采集变量过多且处理任务繁杂，受限于集中控制器处理能力，集中式控制适用于小型微电网系统。且由于对通信依赖程度高，当出现单点故障时，通信干扰、丢包、延时、均会影响系统的正常运行，影响系统的稳定性和可靠性。

分布式控制相比于集中式控制策略，同样需要利用通信，但各发电单元仅仅需要与临近单元间进行信息交互，利用分布式协同一致性控制算法，最终使得控制目标达到动态一致。分布式控制对于通信依赖程度较集中式控制要相对低一点，通常情况对某一发电单元来说，只要还存在通信线路未断开，该发电单元的仍能最终实现控制目标，分布式控制具有较高的可靠性和即插即用能力，但在系统的响应速度上进行了一些损失。

分散式控制无需通信，下垂控制是最主流的控制方法之一，其本质是模仿同步发电机的有功调频和无功调压原理，可以在不需要通信的条件下实现发电单元出力的合理分配和系统频率电压的稳定。只需要对发电单元自身的信息进行测量，由于不需要通信线，分散式控制具有设计简单、即插即用、维修方便、并联冗余等优点。但是依靠自身调节，也会导致动态调节能力不足、无功功率调节不足、谐波不均分、发电系统电压/频率下降等问题。

（3）微电网的应用前景。微电网作为接入分布式能源的最有效途径，将成为智能电网实现的重要基础，同时也为能源互联网的建设奠定理论基础。微电网的主要发展趋势与前景有如下几点：

1）可再生能源比例进一步提高。未来微电网将更加重视不同能源间的协调控制，通过多能互补实现间歇性能源内部的功率波动平抑，实现可再生能源的更大规模消纳。

2）跨地区微电网互联，实现更大范围的优化调度。未来微电网将实现网间互联，实现不同区域间的能源时空互补，打破地区限制，提高全国乃至全球能源的经济利用。

3）智能化程度提高。随着智能电表的广泛应用，用户终端的电力数据可以用来进行大数据分析，结合电力消耗的时间特性实时调节电价，通过市场机制进行调峰，利用深度学习等先进技术使电网运行更加智能。

4）商业模式发展。微电网将通过更精确的经济模型，根据不同节点的能源构成框架、电力生产成本、环境污染指标等各方面因素，确定各个节点的实时电价，形成对消费者最公平的商业模式；同时，未来微电网将实现消费者双向买卖电力，允许个体消费者向大电网售电，以此促进居民可再生能源的应用。

5）军工应用前景广阔。随着微电网可靠性的增加，其在军工领域的应用的将非常广泛。通过微电网对海岛军事基地、航空母舰、空军系统等独立区域提供可靠、高效、安全的电力支撑，将成为未来微电网的重要应用。

二、新能源并网技术

能源是国家经济发展与科技发展的重要基础，我国是人口大国，随着人们对生活水平要求的提高以及工业的快速发展，我国的用电需求与日俱增，太阳能、风能和潮汐能等可再生能源绿色清洁、分布广泛且可持续，在科技创新与环保理念的共同驱动下，能源的转型和变革势在必行。以传统火电为主的传统发电系统逐步被可再生能源发电取代，传统电力网络也随着电力电子设备的接入逐步智能化，向智能电网变型。在这一变型中电网逐步呈现以下趋势：

（1）大规模可再生能源的采用，特别是间断性能源如光伏、风机等。

（2）随着科技技术的发展以及生产规模的提高，储能投资成本大大降低。

（3）大量电力电子装备在电力系统中的不断渗透，改变了传统电力系统的动力学行为，电力系统电力电子化是新一代能源电力系统演变的趋势。

可再生能源发电的应用极容易受环境因素的影响，例如风能、太阳能受天气、日照强度等因素制约，具有间歇性、随机性和波动性。电力电子装置是强非线性时变系统，具有惯性小、响应速度快、振荡频率宽、过载能力弱、韧性差等特点。随着可再生能源装机容量的持续增加，给电力系统的稳定性和供电质量带来挑战。

储能技术是为了弥补能量在供需端之间存在的差异性、有效的利用能源，人为的释放和存储能量的过程或技术手段。储能系统作为电网运行过程"源—网—荷—储"中不可或缺的一部分，能够有效地解决新能源并网的随机性和波动性，有效地减少分布式电源对电力系统的影响。

根据能量储存的形式，储能系统大致分为机械储能、电气储能、电化学储能、热储能和化学储能。不同储能方式的容量、能量密度、功率密度均不同，因此应用场景也有所不同。蓄水储能和压缩空气等机械储能容量大，技术成熟、污染小、成本低，但该储能方式受地理位置限制，主要应用于电网调峰。超级电容储能和超导储能等电气储能设备功率密度高、响应速度快，但超级电容储能和超导储能的成本很高，不适合储能容量大、周期长的场合，一般用于电网指标调控和混合储能。锂电池和铅酸电池等电化学储能建设方便、环境适应性强、同时具备较高的功率密度和能量密度，在电动汽车电源、微电网、电源储备等各领域中均得到广泛的应用，但受限于材料发展水平，单个电池的储存容量仍然十分有限。

在电力系统中合理的使用储能系统，对保障系统安全稳定运行、提高供电可靠性、提高可再生能源利用率等具有极其重要的价值。

1. 储能系统在新能源并网领域的运用

（1）利用储能系统平抑新能源并网功率。随着各种新能源发电规模逐渐加大，形成了大电网的一部分，但是在并网过程中，带来了一系列的不利影响，尤其在电压的稳定上是一个巨大的难题，通过储能系统为电网提供无功补偿能缓解这一问题。目前最新的解决方法是建立多储能联合调度系统，利用超级电容储能和超导储能等能够快速响应的特点，在有功和无功功率快速变化时，保障电压稳定和平抑功率输出；利用电池作为储能元件，通过设定的储能控制策略，调节储能元件的功率输出，来平抑新能源功率，达到并网要求；根据新能源出力随机波动系数的变化来优化调节储能容量，实现多储能来联合系统的储能配置，但混合储能的技术水平还未达到能实际应用程度，且经济性不高。

（2）利用储能系统来增加新能源并网频率的稳定性。新能源输出有功功率会在一定程度影响系统的频率，当新能源输出功率的剧烈变化，将引起频率的不稳定，尤其在大规模新能源并网的情况，会对大电网的频率稳定将会造成巨大的威胁。针对孤岛新能源电力系统，利用储能系统对电力系统进行功率补偿，从而确保了孤岛系统频率的稳定性。当新能源并网时，构建源—储一体单元，通过调节储能功率输出，保障单元输出功率稳定避免频率出现剧烈波动，对大电网产生冲击。

（3）利用储能系统来提高电能质量。对新能源并网过程中引起的电压降落和闪变等问题，也可以通过配备一定容量的储能来解决。利用超级电容器本身所固有特性，不需要特别的控制策略，通过串并联连接，能够对有功功率和无功功率的变化进行快速调节，用来解决电压/频率偏移、谐波、电压不平衡以及低功率因素等问题，提高电力网络的电能质量。

（4）利用储能系统优化新能源并网的经济性。新能源输出功率复杂多变，在并网后，为保证系统安全稳定运行，就必须加大容量基础设施建设，储能系统能够在新能源系统发出功率大于需求功率时储存额外的电能，在发出功率小于需求功率时提供额外的电能，配备一定容量的储能，能够吸收负载短期的峰值、谷值减少峰峰、峰谷需求对电力网络造成的影响，同时也减少了新能源并网所需的备用容量，提高了经济性。

2. 新能源率平抑策略

新能源功率平抑策略的基本思想是抵消，通过设计控制策略，将产生的功率波动通过储能系统吸收或者释放，对新能源功率波动进行补偿，以达到风电并网要求。

（1）储能模式。根据源—储系统中储能单元的分布方式，可以将储能模式划分为两种：分布式储能和集中式储能。

1）分布式储能系统结构。如图 5-12 所示，将每一个分布式可再生能源发电单元都并联集成一个储能单元，将这种源、储、变换器集成的单元称为源—储混合单元，将多个源—储混合单元并联于公共交流母线向负载供电，称这样的储能模式为分布式储能。分布式储能结构中，每个源—储混合单元都可以视作一个稳定的交流电源，此储能系统的建设对地理环境要求较低，而且分布式储能的线路损耗和投资压力更低，当出现单个单元的故障时整个系统的运行受影响较小，展现出了较好的容错性和灵活性。但也具有布局分散、

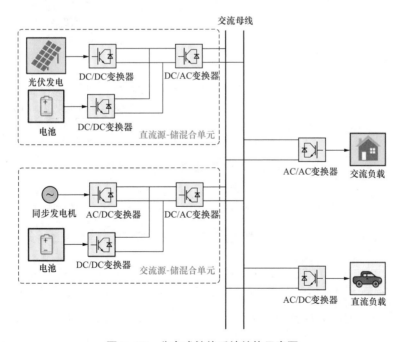

图 5-12　分布式储能系统结构示意图

可控性差等特点，且由于分布式可再生能源发电单元的输出功率波动频繁，使得储能单元充放电频率增加，降低了储能单元的使用寿命，又影响了整个系统的工作效率。

2）集中式储能系统结构。图 5-13 为集中式储能的结构示意图，分布式的可再生能源发电单元并联于公共交流母线向负载供电，而将所有的储能单元集成，形成一个集中式的储能系统，再并联于公共交流母线上，这样的储能系统结构称为集中式储能系统结构。采用此结构的储能系统，相对于整个电力系统可以视作一个整体，能够用来调节系统母线的电压、频率、有功功率和无功功率，有效减少可再生能源发电接入引起的系统波动，提高了系统对可再生能源发电的接纳能力。集中式储能系统结构避免了可再生能源输出功率波动对单个储能单元影响过大，同时又能为整个系统的安全稳定运行提供支撑，但集中式储能电站的建设对选址有较高的要求，且储能成本较高。

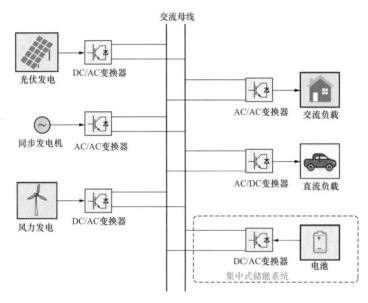

图 5-13　集中式储能系统结构示意图

（2）储能系统控制概述。由于电力电子变换器的接入，针对储能系统设计合理的控制方案时必不可少的。按照时间尺度划分，可将控制策略可以分为三个层次：底层控制（Primary control）、二层控制（Secondary control）、三层控制（Tertiary control）。

1）底层控制（Primary Control）。底层控制主要是用以实现储能系统中各个储能单元的直接出力分配，能够确保储能单元的稳定、自治运行，其时间尺度是 10~100ms 级的。在储能系统中，下垂控制仍是最经典、最实用的底层控制策略，通过控制策略来模拟同步发电机的下垂特性，在无通信的情况下既能保证各个单元之间能够同步，又能实现各储能单元之间合理功率分配。然而由于下垂控制会造成系统频率/电压偏差，下垂控制不得不在功率均分精度与电能质量之间折中考虑，大大限制了储能系统在高电能质量要求场合应用，如并网操作等。

2）二层控制（Secondary control）。二层控制的工作时间尺度大约是 1~10s 级的，其目的主要是利用通信去解决底层控制不能解决的问题。在储能单元放电运行中，二层控制能够很好的解决下垂控制带来的系统频率/电压偏差问题，同时又能提高系统内各储能单元之间的功率分配精度。同时，在储能系统的并离网切换、充放电模式切换中，二层控制利用通信使得各个储能单元与电网进行同频通讯，减少切换瞬间电流冲击。

3）三层控制（Tertiary control）。由于不同储能单元的放电深度与荷电状态不同，三层控制主要解决储能单元的经济优化运行和寿命问题。以同系统内的储能单元同充同放为目标，在保障电能质量、设备操作限制的约束下，通过调整各个储能单元的发电功率，实现储能系统的控制目标。由于在储能系统的网络结构在一个较长时间尺度内都是固定的，故三层控制的时间尺度一般都是小时级的。

3. 储能技术的应用前景

（1）发电容量改变。降低发电容量节约发电项目的建设投资，储能电站的投运可以增加电力系统应对尖峰负荷的发电容量。从单位容量造价来看，铅蓄电池、钠硫电池、液流电池、锂电池单位容量造价高于火力发电单位造价约 11%，远低于陆上风电、城市屋顶光伏的单位造价，能够满足经济性要求。2022 年全国发电装机容量预计 24.2 亿 kW，尖峰负荷以 2% 计算，则储能可以替代的发电容量空间 4840 万 kW，考虑到化学能电池成本逐渐下降，储能电站的投运极具经济前景。

表 5-7　不同储能技术主要特点及造价预估

储能技术	功率	综合效率（%）	循环寿命（次）	单位容量造价（元/kW）	储存期	使用寿命（年）
抽水储能	100~5000MW	71~80	寿命期间无限制	500~1500	4~10h	46~60
空气储能	1~300MW	60~70	寿命期间无限制	300~1200	1~4h	30~40

续表

储能技术	功率	综合效率（%）	循环寿命（次）	单位容量造价（元/kW）	储存期	使用寿命（年）
飞轮储能	1kW~1MW	80~90	十万次以上	7000~30000	1s~1 min	15
超导储能	10MW	95~97	1000~5000	7000~70000	1s~8s	20+
超级电容	1~500kW	90~97	十万次以上	2000~14000	1s~30 min	20+
铅蓄电池	0.1kW~1MW	75~90	500~1200	2000~2500	1min~3h	5
钠硫电池	10kW~10MW	75~90	4000~5000	3300~5000	0.1~10h	5~15
液流电池	30kW~10MW	75~85	8000~12000	3500~5000	1~20h	5~10
锂电池	1kW~10MW	90~95	1000~4000	3000~5000	1 min-5 h	5~15

（2）缓解"弃风弃电"。现阶段全球油气资源储采比已处于较高水平，新能源将作为传统能源的有效补充，但由于新能源的发电特性受电网消纳能力限制，2021 年我国弃风、弃光电量就达到 273.9 亿 kWh。配备新能源发电容量 20% 的储能可以解决并网问题，按照相对理想的状态计算每年可节约发电成本约 80 亿 ~190 亿元。

（3）电力辅助服务。电力辅助服务是指为了维护电力系统的安全稳定运行，保障供电质量，除正常电能生产、输送、使用外，包括一次调频、自动发电控制（AGC）、无功调节、热储备、黑启动服务等。电化学储能通过快速精确的自身功率控制和吸收与输出快速切换等特性，在调频、调峰、AGC、改善电能质量等电力辅助服务方面，具有巨大应用前景与价值。储能系统可以作为独立个体，也可以联合火电、热电、新能源电源等发电企业参与电力辅助服务，储能与新能源电站结合、协同发展，能极大地降低弃风弃光率，实现发电端利益最大化，同时储能参与电力辅助服务也将获如调频服务费、容量服务费等的直接回报，这是开放电力市场的基础。

（4）辅助电动汽车推广。《"十四五"新型储能发展实施方案》多次提及"探索电动汽车在分布式供能系统中应用"，包括双向互动智能充放电技术应用，通过建立充放转换控制系统，可实现电动汽车与电网能量转换互补。电动汽车在低谷时，系统给它充电；在用电高峰，让电动汽车给系统放电。一辆电动汽车就可能成为电力系统的一个储能装置，通过大规模分散小微主体聚合，发挥负荷削峰填谷作用，参与需求侧响应，创新源荷双向互动模式。

三、综合智慧能源应用

综合智慧能源是一种新兴的能源利用形式，以电为核心，综合风、光、气、水等新能源，通过中央综合智慧能源服务平台，实现横向能源多品种之间、纵向"源—网—荷—储—用"能源供应环节之间的协同和互动。其中，"综合"强调能源一体化解决方案，从发电测出发，是多种能源的融合。"智慧"体现为三个层次，一是应用层，各类能源资源协同互动、通过市场化手段协调综合能源供需平衡，突破单一且僵化的能源服务模式；二是信息层，通过互联网及先进的信息技术，实现各类资源信息互联及海量数据融合，打破各类资源信息壁垒；三是物理层，通过智能采集终端、智能边缘处理终端，汇集多种能源数据。综合智慧能源体系见图5-14。

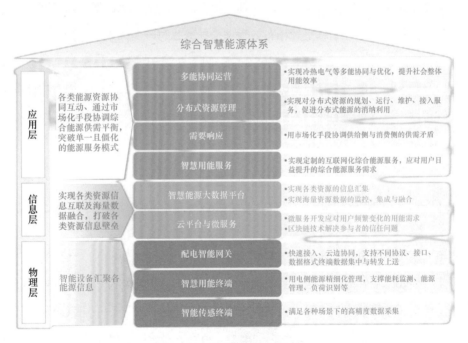

图 5-14　综合智慧能源体系

分布式新能源是未来的主流趋势，可以直接使用分布式能源向用户所需要的能源转换，如此一来，电网将不再是唯一的能源来源。智能微电网建设作为综合智慧能源体系主要特征，智能微电网是用户对多种能源的需求基础上构建的一种多能源耦合系统。基于物理层的各类智能设备，通过以多能源协同为条件下的控制技术，依托云平台大数据分析，实现多能源系统之间的优点互补，避免出现能源的二次转换，提升可再生能源的消纳能力以及整体能源利用率。

第五节　其他技术

一、电力数字孪生技术

数字孪生是利用数字化技术营造的与现实世界对称的数字化镜像，实现对某一物理实体过去和目前的行为进行动态呈现和有效管理，并据此对该实体未来行为进行预测。电力数字孪生（Digital twin of power systems，PSDT）是电力模型日渐复杂、数据呈现井喷趋势以及数字孪生技术发展完善等多方背景共同作用下的新兴产物。通过在信息空间内对电力物理网络进行完全的虚拟映射，形成一个多维异构的电力物理信息系统，构建出数字电网。

1. PSDT 的建设背景

对电力系统的高可靠性要求和被实际工程的约束，致使对现场生产系统的实时感知产生了需求，因此，发展出诸如电力系统理论分析（稳态分析和暂态分析）、电力系统仿真、实时数字仿真装置等感知方法等。但这类方法均存在不足：对于复杂的系统及其行为，难以建立起满足求解速度和精度约束的物理模型，特别是对于所辖单元或因素强交织的系统；数据的利用以及效果均受制于所建的物理模型—模型的维度会限制变量利用数目的上限，模型的精度会影响认知结果的准确性，模型的个性化会造成信息甄选的困难；物理模型难以分析处理不确定性，即各个子物理模型之间的误差传递机制和误差累积效应难以描述和评估，致使所提取的最终特征其表征效果无法保证。

数字孪生仿真技术涵盖数据采集传输、功能建模、仿真评估和人机交互等要素。通过采集电网数据，建立数字孪生模型，对物理电网进行数字化映射，并实现物理世界数字世界的双向互动，实现数字电网的精细刻画、智能分析和安全决策，支撑电网安全稳定运行，促进电网运行更加安全可靠经济。

2. PSDT 的框架设计

DT 以数据驱动为内核，集结了传统的模型驱动和专家系统。相比经典物理机理仿真，PSDT 对物理系统的依赖度更小，组建方式更为灵活。PSDT 主要依赖于历史 / 实时数据以及相匹配的高维统计分析、深度学习等工具，在运行过程中通过与真实值的校正、比对，统一虚实系统的一致性。数字孪生电力系统见图 5-15。

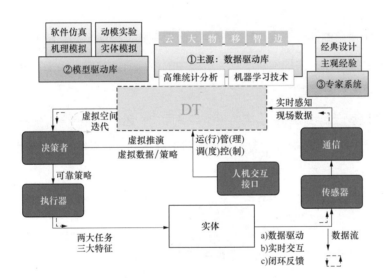

图 5-15 数字孪生电力系统

3. 支撑技术

数据采集与传输。数字电网传输网拓扑结构复杂，涉及设备类型多，业务协议各异，板卡配置繁杂，各设备厂家配置命令与配置接口形态自成体系，无论是基于设备接口的自动数据采集还是基于各厂家模拟器设备的手动配置与采集，都将面临较大挑战。此外，数据采集接口和网络的设计也要兼顾适配、快速、精准和耐用的技术要求。

多样性多尺度融合建模。数字孪生仿真基于进程域、节点域和网络域的层次化建模方法，构建面向调度运行和经营管理等全业务域的仿真模型，实现多领域多尺度建模，满足多领域融合、时间同步以及耦合范围等要求。在精细刻画数字电网的基础上，通过离散事件仿真技术，对网络实现真实网络安全事件的触发和破坏推演的高精度仿真与复现。

综合效能评估。针对数字电网业务的多样性和特殊性，结合网络承载方式与协议的差异性，通过可采集、可监测、可扩展的网络效能评估与业务质量综合评价指标，支撑业务安全的综合评价分析。在此基础之上，进一步纳入社会因素，实现基于社会综合价值的网络安全风险评估和脆弱性分析，为全面评估数字电网信息物理社会系统（CPSS）的安全风险提供支撑。

4. PSDT 潜在应用方向

数字孪生技术目前还处于完善和发展中，数据采集、传输、动态建模、仿真评估和虚实互动等技术的提升是未来构建数字孪生过程中的重点研究方向，将来数字孪生技术还会在电力系统中更多方向被应用。

（1）电力设备健康状态评估。电力设备点多面广、运行特征各异，传统的运维检修方法难以对设备状态进行精准评价。基于电网运行数据建立电力系统的数据模型，利用 RMT 对数据模型进行分析挖掘，进一步结合时间序列分析建立量化评价指标，对扰动的影响程度分析和影响范围评估，进一步分析电力系统稳定性、运行裕度等，实现对电力设备健康状态评估。

（2）负荷预测和用户行为分析。随着智能电网时代的发展，电力用户侧数据量剧增，传统的负荷预测方法难以应付更大的数据量和更强的随机性。基于 LSTM 网络建立模型，利用 LSTM 网络善于处理序列型数据的特点，在整合历史时刻点信息的基础上，对未来的负荷进行预测。

（3）微网系统优化运行。在微电网中，由于负荷和电源功率波动较大、各种不确定因素复杂，通常需要增加储能系统以保证供需实时平衡，并提高可再生能源的利用率。引入深度强化学习框架和神经网络模型，规避了传统算法中发电量、负荷等多种因素变化引发的问题，同时，对于不同时刻、天气、季节的场景均能有效处理，实现系统供电稳定性、利用效率和经济效益的提升。

二、安全态势感知技术

网络安全态势感知技术通过对数字电网网络数据进行全面采集，综合分析系统面临的外部威胁和自身脆弱性，形成全天候、全方位感知的网络安全能力，实现网络安全事件可发现、可控制、可溯源，提升数字电网综合网络安全防御水平。

1. 技术架构

针对数字电网工控系统大规模、孤岛式的网络环境，从"态""势""感""知"四个维度，构建网络安全监测与分析的模型及技术体系，实现电力监控系统网络安全风险的实时监视、历史审计及预测分析。态势感知技术架构见图 5-16。

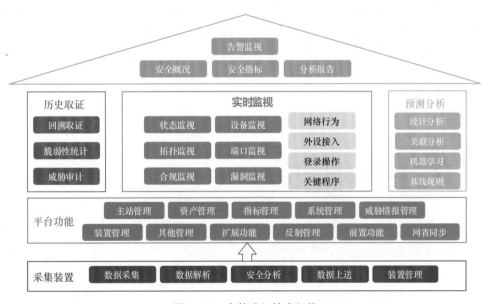

图 5-16 态势感知技术架构

2. 关键技术

网络安全态势建模。通过采集系统当前的网路安全流量信息（自身弱点与外部威胁），形成网络安全的"态"，全面反映系统的网络安全状态；融合全流量、全日志、主动探测数据，"全方位、全天候"刻画网络安全的态势，分析"态"的时空特性，推演潜在受威胁的设备，掌握全局网络安全的"势"。

基于链路聚合接入方式的数据采集。基于同一个物理链路，通过链路聚合技术连接多个广播域网络，实现各广播域所有资产的不可抵赖式数据采集，且被采集资产可无需支持网管。通过采集装置在数据链路层的接入，实现链路层、网络层、传输层和应用层每一协议栈安全数据的全栈式采集。

融合基于特征和基于异常的多源互校安全检测。结合第三方安全检测规则，实现对同一事件的多源逻辑互校，提升检测准确性；基于系统业务稳定的特点（如通信关系、设备地址等）回溯学习海量历史数据，建立系统的行为基线，以此捕捉违背基线的未知威胁。

3. 发展趋势

为提高对高级威胁的检测能力，可进一步引入关联性强、体系完整的威胁情报及人工智能分析技术，从而实现高级威胁识别，验证疑似攻击，辅助安全协同和决策。在发现攻击行为后，通过态势感知系统对工控系统中历史数据进行重组和分析，以协助分析人员完成事件溯源分析，复现攻击全过程。

三、新一代人工智能技术

人工智能安全技术是一种利用人工智能解决网络安全事件快速识别、实时响应等的技术，其特点是模型更新迅速、依赖训练数据、结果可控，适合于计算重复度高、数据量庞大的场合。结合人工智能在网络安全应用的实践情况，人工智能安全技术在智能电网安全监测、安防监控、现场巡检等领域应用程度较高。

随着新一代信息技术的快速发展，人与人、机器与机器、人与机器的交流互动愈加频繁，海量数据的快速积累，计算能力的大幅提升，算法模型的持续优化，行业应用的快速兴起，全面推动新一代人工智能技术发展。人工智能技术在智能电网安全监测、安防监控、现场巡检等领域应用程度较高。

（1）技术架构。根据人工智能关键技术的构成和运用场景，可分为计算机视觉技术、自然语言处理技术和机器学习技术。在计算机视觉领域，运用图像识别算法，精准挖掘、识别图像特征，解决电力系统安全故障问题。在自然语言处理领域，基于句法和语义分析，实现敏感数据的自动识别与发现，保障数据安全。在机器学习领域，运用无监督和有监督学习方法，构建分析模型，实现故障事件的智能分析。

（2）关键技术。

计算机视觉处理。针对视频智能监控，基于行人重识别对电力系统人员的视频图像信息进行智能分析和异常行为判断，提供智能主动防御与告警。针对图像识别，通过对采集到的电力设备的故障图像进行识别与分析，完成设备的故障分类。将计算机视觉处理应用于人脸识别，可实现身份安全鉴别的同时隐藏敏感图像信息。

自然语言处理。应用于敏感数据发现，基于句法分析、语义分析对文本数据进行相似度匹配计算，实现敏感数据的精准识别。针对数据分类分级处理，可结合文本关键词提取、神经语言模型等原理，实现对未知数据的智能分类分级。可见，人工智能可以显著提升数据收集管理能力和数据价值挖掘利用水平，实现数据安全治理。

机器学习。基于进程行为训练样本的学习检测，采用长短期记忆网络（Long Short-Term Memory，LSTM）提取恶意进程特征，以及卷积神经网络（Convolutional Neutral Networks，CNN）实现特征分类，对恶意进程进行精准识别，可应用于恶意代码检测。在数据隐藏方面，可采用基于联邦框架的多方安全计算，实现多方数据的协同计算，保障开放共享场景下的数据可用不可见，还可应用于数据安全追溯，采用安全事件全链路关联分析，提供数据泄露的事后快速追溯，还原数据泄露链条，为事后的安全事件调查提供智能支撑。

（3）发展趋势。伴随着云数一体趋势化发展，智能电网云平台和大数据将成为今后的重要建设内容，人工智能技术也需要结合云数一体的技术发展趋势不断创新应用。发展基于人工智能"数据＋算力＋算法"的核心技术体系，兼容其他新一代数字技术，大力推进数字电网建设，实现电网全环节和生产全过程的数字化，支撑公司向智能电网运营商转型；替代重复性人力劳动，提高公司运营效率，促进流程再造与组织结构优化，辅助管理决策，实现数字运营管控，支撑公司向能源产业价值链整合商转型；建设基于人工智能的上下游能源生态圈，促进能源产业价值链优质资源整合，构建数字能源生态，支撑公司向能源生态系统服务商转型。

四、柔性直流配电技术

相比于传统的交流配电系统，柔性直流配用电系统可以根据用户需求提供更高效、更经济、更灵活的供电服务，在分布式电源的灵活接入、非同步运行交流电网连接、配网孤岛运行以及增加组网形式多样性等领域中均得到了广泛应用。

1. 柔性直流配电网的拓扑结构

与交流配电网结构类似，柔性直流配电网的基本拓扑结构可以为放射状、两端与环状配电三种。三种配电方式的优劣对比如表 5-8 所示。

表 5-8　柔性直流配电网拓扑结构对比

拓扑结构	供电可靠性	故障识别及保护控制配合
放射状	差	容易
两端	较高	较难
环状	高	困难

一般而言，放射状拓扑的结构、潮流简单，保护控制及故障识别定位相对简单，但是易受干线运行状态影响，极大地降低了供电可靠性；环状拓扑可多端供电，提高了供电可靠性，但节点的故障会引起全网故障同时也导致故障检测困难。

环状配电网可由两端供电或单端供电，通过线路开断调整供电模式，使环状配电网具有更高的普适性。相比输电网，配电更关注用户端的使用，供电可靠性和电能质量是配网供电的重点。直流配电网的电能需经过电力电子设备的变换才能最终被终端使用，因此必然会涉及到多级电压变换和交流、直流变换。环状直流配电系统结构见图 5-17。

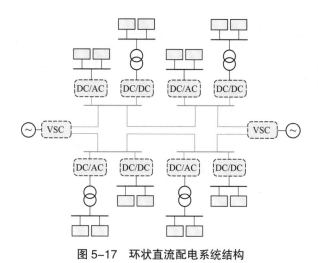

图 5-17　环状直流配电系统结构

2. 柔性直流配电关键设备

（1）多电平换流器。德国慕尼黑联邦国防军大学的学者 Rainer Marquardt 在 2001 年首先提出模块化多电平结构。模块化多电平换流器 (Modular Multilevel Converter, MMC) 采用子模块 (Sub-Module, SM) 级联结构代替多开关器件串联结构，解决了传统串联结构动态均压和一致触发的问题，常见于中高电压等级的场合。如图所示，MMC 模型中，假设每个桥臂由 n 个子模块和一个串联电抗器 L 构成，同相的上下两个桥臂构成一个相单元。如图 5-18 所示。

目前 MMC 子模块的结构有三种类型：半桥子模块（Half Bridge Sub-Module, HBSM）、全桥子模块（Full Bridge Sub-Module, FBSM）和箝位双子模块（Clamp Double Sub-Module, CDSM）。H-MMC 因其开关器件少，损耗低，控制简单的特性，成为换流站项目最常采用半模块构成的，但是 H-MMC 与传统两电平或三电平换流器类似，难以处理直流侧故障。由于现阶段的大功率直流断路器应用不成熟，仍然使通过交流断路器来切断故障线路，然而机械开关需要 2~3 个周波才能完成故障切除操作，需要通过增大设备的额定容量和配置高速旁路开关等辅助措施来预防过电流故障导致的器件损坏。所以 H-MMC 不适用于暂时性故障较多的配电系统，需采用成本较高，故障率低的电缆线路。

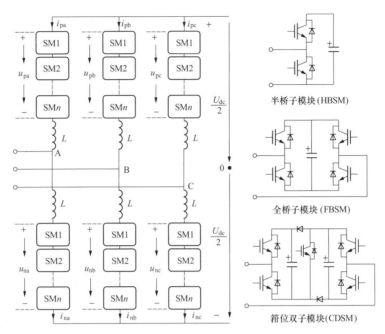

图 5-18　MMC 拓扑结构和子模块拓扑结构

F-MMC 和 C-MMC 通过控制换流器控制来切断交流系统向直流故障点的馈能通路，清除直流侧故障，但是 F-MMC 所需元器件数量较多，所需元件成本接近 H-MMC 的两倍，不具备较高的经济价值。而 C-MMC 与 H-MMC 相比，所需元器件数量相当，且控制策略具备较高的通用性，C-MMC 能够用于故障率较高的架空线场合。

（2）固态直流变压器（DCSST）。直流配电网起到连接高压直流输电网与不同电压等级的低压配电网的作用，不同电压等级的直流配电母线间是通过直流变压器实现连接的，与交流变压器所应用的电磁感应式变压原理不同，直流变压器依赖电力电子变流器来实现高频变换和依赖高频隔离变压器来实现电压的变换和电气隔离。适用于低压场景的小容量 DC/DC 变换器发展比较成熟，已进入到推广应用阶段，但适用于中高压场景的大容量高频隔离 DC/DC 变换器和直流变压器仍处于研究发展阶段。常见的直流变压器依照拓扑划分主要分为器件串联型 DCSST，模块化多电平型 DCSST 和多重模块化型 DCSST，各类拓扑的技术特点如下表所示。串联设备的均压控制是变换器实际应用的难点之一，串联器件和多电平模块化型 DCSST，适用于两端均为高压直流的应用场合，对于一端高压、一端低压的场合适用性较低，并且高频隔离变压器的应用受自身容量限制，难以适用于设备容量要求较高的场景，所以两种方案的使用也受容量限制。多重模块化型 DCSST，其灵活性较高功率和电压等级均可调节，并且模块化程度高，较为适用于柔性直流配电场合。

表 5-9 DCSST 的几类典型结构

拓扑结构	技术特点	应用场合	技术难点
器件串联型	器件串联提高电压	适合于两端均为高压直流的大容量应用场合	器件串联的均压，高频隔离变压器容量提升
模块化多电平型	MMC 子模块串联提高电压	适合于两端均为高压直流的大容量应用场合	子模块电容均压，高频隔离变压器容量提升
多重模块化型	串联提高电压，并联提供容量	任意端高压和低压场合均适合	电压和功率平衡

3. 柔性直流配电网控制体系架构

支撑重要负荷和维持稳定的直流电压供应是直流配电控制系统的主要任务，并在此基础上尽可能的消纳分布式电源。直流配电控制系统的遵循的设计原则是对于 DCSST、交直流断路器和储能等构成直流配电控制系统的关键设备实行统一控制，对随机的、需要满足"即插即用性"的用电负荷分布自治管理。

根据直流配电控制系统的设计原则，提出了一种三层结构的系统控制体系架构方案，按照系统功能在时域进行控制，最顶层设计功能为"功率优化"，主要是根据交直流配电网的实时运行状态信息，在满足系统电压、频率稳定的前提下，通过控制策略实现运行成本降低、分布式电源出力调节等。二层设计为"统一控制"，是柔直配网的控制系统的核心，依据直流配电网实时运行状态和能量管理的指令，首先判定直流系统的运行方式，通过向各个可控设备下发控制模式、电压或者功率参考值，向交直流断路器下发开闭指令，来实现系统开关、运行模式切换、均压控制、单元并网控制以及系统在故障状态下的故障隔离和故障穿越等。底层控制为"分布自治"，根据设备类型配置不同的控制策略和不同的本地设备控制器，实现无需通信的分散式控制及"即插即用"等功能。

4. 柔性直流配电的应用前景

根据应用领域的差别，可以将柔性直流配电的应用场景归纳为 3 类：专用直流配用电系统、城市直流配电系统、民用直流配用电系统。

对于第 1 类场景，即专用直流配电系统，包括轨道交通、飞机和舰船动力系统，数据中心、工业优质供电等应用场合。根据相关分析，对于数据中心，相比交流系统，采用直流供电可以提高约 7% 的传输效率、节约 6% 硬件成本、节省约 33% 空间。对于专有直流配用电应用场景，可靠性是其架构及接线方式考虑的重要问题。

对于第 2 类场景，通常采用直流实现交流变电站中压母线或馈线的互联，并向低压供用电系统延伸。可细分为几类不同的典型应用场合，包括交流配网合环热备用，提高供电可靠性；交流配网负载主动平衡，提高设备利用率；配网改造增容，减少占地和投资；新能源直流汇集，减少损耗和成本；电动汽车高效接入，峰谷互济等。另外，对于柔性高压直流输电系统在中等容量和输电距离场景下的衍生，也可以将其归纳为第 2 类场景。其优势应用场合可以由此类推，包括新能源汇集、独立负荷送电、海上平台供电、非同步电网联网等。

对于第 3 类场景，将直流技术延伸进了民用建筑领域，是未来柔性直流配电应用的发展方向。根据相关分析，光伏家庭采用直流用电比交流系统省 5%，而光储家庭采用直流用电比交流系统省电 14%。事实上，对于光伏发电，其与空调用电存在潜在的季节性适应性，即光照时间较强时通常也是用户使用空调的高峰期，一定程度将减小用电高峰。

第六节　本章小结

本章介绍了智能配电网领域的自动化技术，提出了为适应新型电力系统建设的智能配电网技术，包括分布式电源并网监测与控制技术、智能微电网技术、电力数字孪生技术、安全态势感知技术、柔性直流配电技术等。随着新业态、新技术不断涌现，电网形态和模式逐步演变，智能配电自动化技术也随之不断发展。

第六章

智能配电示范工程和典型应用

近年来，南方电网公司高度重视配电网投资建设工作，"重发、轻供、不管用"的现象得到了大幅度的改善。与此同时，伴随着配电网以供电可靠性为总抓手的持续推进、管理的逐步提升，供电可靠性、电压合格率等主要指标持续向好，南方五省配网建设得到了长足的发展。

2019~2021年，南方电网公司相继颁布了《南方电网标准设计与典型造价 V3.0（智能配电　第一卷~第七卷）》，推进南方电网配电建设全面进入智能化。《标准设计 V3.0》搭建起智能配电网建设系统框架，确定了基于南网云架构的智能化建设技术路线，实现了各类业务场景终端数据的统一接入和数据资源网、省、地共享，极大优化了传统的建设和运维模式。相关成果对配电系统后续的技术研发、产品制造等具有重要意义。通过配电设备与智能化设备的同步设计、同步实施、同步验收、同步投运，实现配网设备的状态全面感知和远程实时监测，实现低压台区"线—变—户"的全透明、全感知，支撑智能规划、智能运维、智能营销等业务。通过技术创新，业务高度融合、管理的协同创新、安全的防护体系、扁平化的构架促进新的运营模式，为建设新型的电力系统提供技术标准支撑和成功实践。

智能配电 V3.0 经过两年以来的持续建设，已在南方电网各分子公司逐步推广应用。在推广《南方电网标准设计与典型造价 V3.0（智能配电）》的同时，完善设计、施工、验收全过程管理要求，形成智能配电项目验收规范、检测规范等相关标准，加快升级完善网级智能配电网监控系统功能，真正发挥智能配电对生产运维的支撑作用。

第一节　智能配电典型应用场景

一、智能配电房 / 开关站场景

智能配电房 / 开关站整体解决方案基于多源数据协同的集中监控和管理平台，采用智能化的环网柜、配电变压器、低压柜等设备，实现对配电房内设备的状态监测、环境的实时监控、行为的安全管控、社会服务的高效支撑，提高配电房的运维管理效率；通过对各类基础数据与运行数据的实时分析，实现设备的智能化自我诊断，对存在的安全隐患，第一时间进行消缺，提高运行安全稳定性，增强配电智能化、可视化、自动化、互动化，以及新型现代化水平。

智能配电房 / 开关站场景架构图如图 6-1 所示。

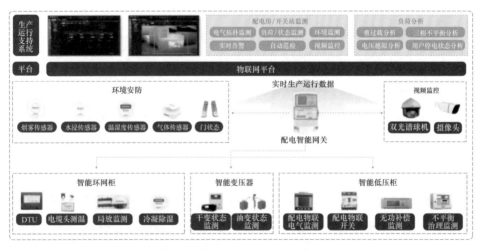

图 6-1　智能配电房 / 开关站场景架构图

智能配电房 / 开关站场景终端配置标准如表 6-1 所示。

表 6-1　智能配电房 / 开关站场景终端配置标准表

终端配置标准			
功能类型	配套装置	数量	配置标准
智能监控终端	配电智能网关	1	标配
环境采集单元	温湿度传感器	1	标配
	气体传感器	1	选配
	烟雾传感器	2	标配
	水浸传感器	1	选配
	调温除湿设备	1	选配
视频监控单元	网络高速球型摄像机或网络固定摄像机	1	选配
	视频云节点	1（二选一）	选配
	智能视频云节点	1	选配
安防监控单元	门状态传感器	2	标配
设备状态采集单元	变压器高低压接线桩头测温传感器	3	标配
	变压器红外热成像监测装置	1	选配
	油浸变压器状态量传感器	1	标配
	干式变压器状态量传感器	1	标配
	中压开关柜局放传感器	1	选配
	中压电缆头测温传感器	1	标配
电气保护测控单元	中压保护测控终端	1	标配
	配电物联电气传感器终端	8	标配
	无功补偿监控装置	1	标配

智能配电房 / 开关站场景支撑的主要功能如下：

（一）数据采集

应用关键技术中的线路状态监测、电气监测、环境安防监测等监测技术，实现设备运行状态信息、配电房 / 开关站环境信息及安防信息的采集。

（二）数据分析

具备边缘计算能力，可通过图像识别等本地策略对数据分析计算，减轻主站数据存储和处理压力。

（三）数据融合与共享

平台应用网级统一部署，为网、省、地数据资源共享及业务数据融合应用提供充分便利。监测数据直接与生产系统关联，无需重复维护，实现数据"一方维护，多方共享"。

（四）安全防护

提供端到端的多维度安全防护方案，从业务安全、平台安全、接入安全、终端安全等方面全方位防控。

二、智能台架变场景

遵循《标准设计 V3.0》技术路线，综合实现台区的运行、环境、设备状态的远程监测、环境的实时监控、行为的安全管控、故障的精准研判，在生产运行支持系统中开发台区负荷分析、告警监测、主动抢修、设备状态评价、智能巡检、智能规划等业务模块，功能满足配电网集约式监控、管理的业务需求。此外，方案融合应用全绝缘组件，部件预制标准化，实施快捷方便、降低人身触电风险。实现新型现代台架变的智能化、可视化、自动化、互动化。

智能台架变场景示意如图 6-2 所示。

智能台架变场景终端配置标准如表 6-2 所示。

智能台架变典型应用场景如下：

（1）场景 1。台架变低压配电箱内各回路配置低压回路监测终端，低压测控装置与电

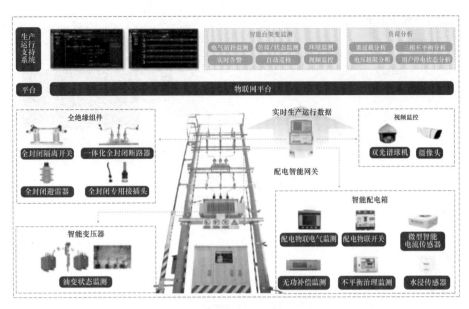

图 6-2 智能台架变场景架构图

表 6-2 智能台架变场景终端配置标准表

终端配置标准			
功能类型	配套装置	数量	配置标准
智能监控终端	配电智能网关	1	标配
设备状态采集单元	油浸变压器状态量传感器	1	标配
电气保护测控单元	配电物联电气传感终端	5	标配
	无功补偿监控装置	1	选配
环境采集单元	水浸传感器	2	选配
安防监控单元	门状态传感器	1	选配
预制化标准模块	全绝缘组件	1	标配

流互感器结合使用，采集低压进线的三相电压、电流、零序电流、有功功率、无功功率、功率因数等数据，通过比较预先设置的阀值，控制开关的通断，实现保护及报警功能。各低压测控装置经 RS-485 串联，接无功补偿控制器通信端，将需上传的电气量、开关量等接入智能网关。智能台架变场景 1 见图 6-3。

（2）场景 2。采用具有通信功能的智能断路器，通过智能断路器采集、上传回路的三相电压、电流、零序电流、有功功率、无功功率、功率因数等数据，通过比较预先设置的

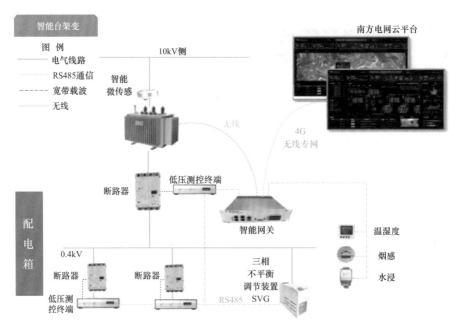

图 6-3　智能台架变场景 1

阀值，控制开关的通断，实现保护及报警功能。各低压回路经 RS-485 串联，接无功补
偿控制器通信端，将需上传的电气量、开关量等接入智能网关。智能台架变场景 2 见
图 6-4。

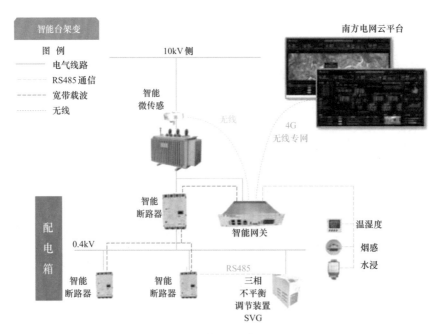

图 6-4　智能台架变场景 2

通过多元传感设备快速接入，配合用户智能电表，实现低压台区"变一线一表区一用户"各节点电气量、设备状态量、运行环境量、电能量等全数据的实时采集和融合应用。借助先进的"云大物移智"技术，推动智能台架变建设，实现开关控制、停电主动上报、三相不平衡调节、拓扑智能识别、线损分析等功能，达到配电网设备状态透明、运行状态透明，支撑配电网智能运维，提升供电可靠性和客户服务水平。

基于 GIS 地图，通过不断深化"就看一张图"建设，一方面底层夯实数据基础，一方面不断丰富共享服务，向上支撑智能配电网的停电监控、故障监控、灾害预警、停电模拟、低电压分析、重过载及三相不平衡分布等应用场景。

三、电缆在线监测场景

遵循《标准设计 V3.0》技术路线，通过应用具备无线自组网、超微功耗等技术的智能传感终端，实现地下电力管廊、电力工井、工井内电缆中间接头等运行状况实时监测和设备状态评价；通过对电缆及电缆通道等资产的探测识别、标识定位等，支撑运维人员日常巡检、应急抢修、设备防外力破坏、配网规划等业务需求。

地下电力管廊监测架构图如图 6-5 所示。

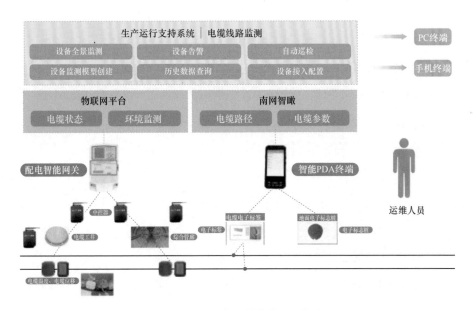

图 6-5　地下电力管廊监测架构图

电缆在线监测场景终端配置标准如表 6-3 所示。

表 6-3 电缆在线监测场景终端配置标准表

终端配置标准			
功能类型	配套装置	数量	配置标准
智能监控终端	配电智能网关	1	标配
通信终端	采集器	1	标配
	中继器	5	标配
电缆状态采集单元	电缆温度监测传感器	4	标配
电缆状态采集单元	电缆位移监测传感器	5	选配
电缆环境采集单元	温湿度传感器	3	选配
	水浸传感器	1	选配
	有害气体监测传感器	1	选配
	人体监测传感器	5	选配

针对配电网的地下电力管廊、电力工井、工井内电缆中间接头，通过物联网技术、超低功耗传感技术，集成配网电缆地下电力管廊数据通信系统、运行环境监测系统（水浸、烟雾、气体、温湿度、噪声、位移、震动、倾斜）通风排水监控系统、视频及安全防范系统、火灾自动报警、应急调度及广播指挥系统、人员定位及巡检管理系统、电缆状态监测系统（电缆光纤测温、电缆护层环流监测、电缆局部放电监测、电缆故障状态监测）廊体结构监测系统、机器人巡检系统等。在全方位的信息采集基础上，利用 RS485/4G/ 光纤等网络进行数据传输、信息综合处理和远程控制，采用二 / 三维一体化 GIS 技术实现在统一的综合监控平台上的各系统数据共享、存储、分析、展示，提供管理人员一整套方便有效的分析、管理工具，真正实现综合管廊管理的数字化、可视化、智能化，提高综合管廊防灾减灾能力。

电缆在线监测场景主要特点如下：

（1）缺陷隐患提前感知：异常智能预警，辅助运维人员进行隐患排查，最大限度减少停电风险。

（2）运行巡视高效：对电缆环境、安防，线路状态等在线监测，评估电缆健康状态，支撑差异化巡视，实现智能巡视代替人工巡视。

（3）电缆透明化管理：基于南网智瞰实现电缆路径、基础数据、地下敷设布置情况的快速查询，实现电缆资产可视化管理。

（4）投资经济，架构简单：方案采用无线自组网通信，降低工程实施难度及投资。

四、架空线故障诊断场景

遵循《标准设计 V3.0》技术路线，架空线路场景综合利用智能传感技术、信号处理技术、人工智能技术、信息通信技术、高精度采样技术实时在线采集中低压配网线路电流、电场、导线温度等电气和环境参量，实现配电架空线路的故障定位终端技术方案。通过部署架空线路在线监测装置、无线测温、微气象、架空线路视频摄像头等装置，运用故障定位算法及图像识别技术，实现架空线路状态监测、故障定位、防外力破坏预警，满足架空线路智能巡检运维等业务需求。

当线路运行工况异常时自动触发高速采样录波，主动上送。系统平台根据线路拓扑和录波数据、历史定位数据，实现故障快速定位，有效缩短线路故障恢复时间。通过大量数据的累积和数据挖掘分析，可实现线路异常状态提前预警，变"事后处理"为"事前预测"，同时支持故障过程反演分析，切实提升配电网运维水平，架空线故障定位架构如图 6-6 所示。

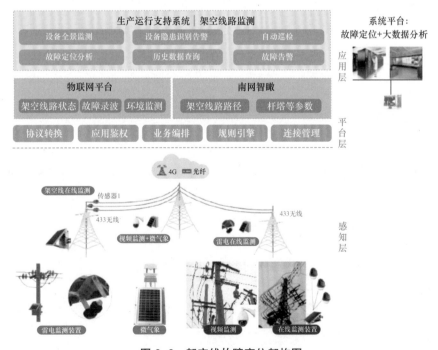

图 6-6　架空线故障定位架构图

架空线故障诊断场景终端配置标准如表 6-4 所示：

表 6-4　架空线故障诊断场景终端配置标准表

终端配置标准			
功能类型	配套装置	数量	配置标准
智能监控终端	配电智能网关	1	标配
避雷器监测	避雷器监测传感器	3	选配
	集中器（含微气象监测、放攀爬监测等功能）	1	选配
视频监控	视频摄像头	1	选配
架空线在线监测	架空线在线监测	3	标配
	集中器	1	标配
自动化开关柱头测温	无源无线测温传感器	3	选配
	采集器（含天线）	1	选配

1. 实时在线监测

对各种监测及报警数据进行分析，实时监测设备状态变化等情况引起的事故，满足对架空线路远程运维的可靠管控，实现架空线路的智能化建设。

2. 故障快速定位

依托线路工况监测及故障录波数据，实现故障精细定位，辅助开展跳闸原因分析和故障类型分析。

3. 运行巡视高效

对架空线环境、安防、线路状态等在线监测，评估线路健康状态，支撑差异化巡视，实现智能巡视代替人工巡视。

五、生产作业装备智能化管理场景

生产作业装备智能化管理按照南网数字化转型"4321"的技术路线进行设计，采用电子标签技术、智能定位算法和物联网技术等，实现安全工器具、仪器仪表等生产作业装备出入库数据、环境监测数据和视频安防数据的智能化采集，数据通过智能网关上送全域物联网平台，支撑上层系统的智能化管理应用。

智能化管理系统功能包括台账管理、领用管理和试验告警等业务功能，同时与南网 4A 系统、电网管理平台、南网智瞰等集成，实现两票关联、接地线定位展示等跨业务应用。生产作业装备室现场通过安装电子标签、智能出入库监测装置、物联网智能网关、温湿度传感器等终端设备，实现装备室的智能化改造。生产作业装备智能化管理架构图如图 6-7 所示。

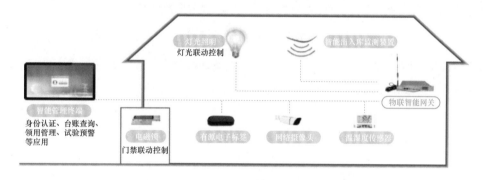

图 6-7 生产作业装备智能化管理架构图

生产作业装备智能化管理场景终端配置标准如表 6-5 所示：

表 6-5 生产作业装备智能化管理场景终端配置标准表

终端配置标准			
功能类型	配套装置	数量	配置标准
智能网关产品	物联智能网关	1	标配
	总控箱	1	标配
出入库监测	智能出入库监测装置	3	标配
	电子标签	150	标配
管理终端	智能管理终端	1	标配

终端配置标准			
功能类型	配套装置	数量	配置标准
环境监测	温湿度传感器	3	标配
视频安防	网络摄像头	1	标配
门禁控制	电磁锁	1	标配

生产作业装备智能化管理场景的主要特点如下：

（1）投资经济，架构简单。系统架构扁平化，系统基于南网云、南网大数据中心、全域物联网平台等基础平台统一建设，建设单位只需完成生产作业装备室现场的智能化改造，减少了分散建设的投资成本。

（2）统一接入，数据共享。生产作业装备管理业务数据通过智能网关统一接入全域物联网进行管理，并基于数据中心进行数据跨业务域的融合共享，真正实现了生产作业装备由需求申报、物资采购、运维作业到报废退运的全生命周期管理。

（3）自主研发，安全保障。整体方案使用的关键核心设备和基础平台均为自主研发的产品，同时按照南方电网公司的网络安全要求，从业务安全、平台安全、接入安全、传感器安全等方面提供端到端的多维度安全防护。

六、表计用户侧场景

采用宽带载波、Lora 等物联网通信终端，支持智能电表 96 点 / 天的采集频率，有力支撑台区自动识别、相位识别、实时线损、供电质量、停电监测、用电分析、供电抢修等应用需求。基于统一电网数据模型，构建"站—线—变—户"关系，统一台账、功能位置和图形拓扑的对应关系及存储，以统一的数字化电网平台（电网资源中心）和统一拓扑模型、统一数据等，支撑全域配网一张图，支撑规划、建设、运行和客服等专题图的应用。表计用户侧主要包括供电质量、剩余电流监测、用电异常分析、用电分析、双向互动、实时线损、台区识别、有序用电八个部分，具体场景应用如图 6-8 所示。

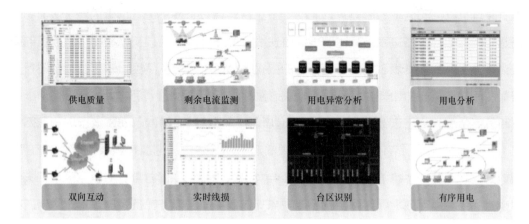

图 6-8　表计用户侧场景架构图

可实现以下功能：

（1）提高供电质量。智能电表采集配网线路中的电压、电流值，通过对智能电表提供的数据进行有效的数据分析和处理，通过计算机网络系统和智能量测系统的灵活性和便利性，实现对供电质量的监测。应用智能电表数据可以提前发现停电，系统自动生成停电信息告知呼叫中心，并通过短信、电子邮件等载体通知客户，第一时间主动将信息共享给用户，极大提高了用户对电网停复电的体验。同时用户及时得到停电和复电信息，享有更多知情权，更加理解和支持抢修工作。智能电表与停电管理系统贯通，可以大大减少停电时间，从而大大提高供电质量及用户体验。

（2）监测剩余电流。智能电能表具备剩余电流的在线监测和告警功能，利用现有的用电信息采集系统将剩余电流及其相关信息及时传到后台主站，可以在剩余电流很小的时候就提前预警，在发生剩余电流动作保护后也能及时获取相关的异常情况，因而能很好地解决剩余电流动作保护器应用中存在的一系列问题，从而提升当前低压配电网的供电可靠性，提高电网及用电的安全性。

（3）分析用电异常。从目前的用电形势来看，根据网络模型与电站测量中得到的信息准确度较低，无法有效避免负载过大引起的各种后果。而通过智能电表就可以对配网状态进行更有效、更准确的测量和评估准确的获得负载量等相关信息，及时发现负载过大以及用电异常等情况，避免发生不良后果。

（4）管理实时线损。智能电表实时线损管理中的应用首先是智能电表的数字化应用，通过该技术电力企业创立起数字信息系统，能够对电力企业的各种线损电力信息进行处理，通过互联网和信息显示器等，显示一些重要信息并与客户进行积极沟通，从而和客户建立起有效的合作关系。其次智能电表在线损管理中的应用，还体现在信息数据的智能化传输上，智能电表对电网系统运行的数据信息进行采集，然后再对这些数据进行分析，从而掌握更多的线损情况，更好地去对线损进行应对规避。例如通过对三相平衡情况和电能量传输信息进行采集，相关人员就可以根据这些数据的反馈来进行一些线路调整，从而对线损做到有效控制，减少能源的浪费。最后智能电表在线损管理中的应用，还体现在配电变压系统的应用上，例如在电力供应中断时，智能电表除了能采集相关信息以外，还可以有效地测试三相不平衡现象，通过对线损失去电能量的计算，对一些电流大小和线损量进行精确计算，提高线损计量的准确度，对于电力企业的线损管理有着重要作用。

（5）台区识别。采集系统的基本架构是主站、采集终端和智能电表，采集终端和智能电表之间通常采用的是低压电力载波通信。由于电力载波在电力线上传输数据，而电力线本身具备清洗的台区归属，即低压台区的供电域与载波的通信域是一致的，因此，通过低压电力线载波判定智能电能表的台区归属具备更多优势。从独立台区的载波通信过程可以准确地判定智能电表的台区归属问题。根据目前研究可通过台区实时电压相位及电流时序数据实现台区识别。

第二节　智能配电、智能配电典型工程项目

一、南方电网智能配电 V3.0 试点建设及推广应用情况

1. 智能配电 V3.0 总体建设成效

根据《南方电网"十四五"配电网（含农村电网）规划成果汇编》遵循"简单、经济、安全、有效"的应用原则稳步启动智能配电项目建设。2020 年上半年《南方电网标准设计

与典型造价 V3.0（智能配电）》同步设计落地，在全网 65 个地级市开展智能配电 V3.0 示范项目建设，在基层单位形成了良好示范效应。截至 2021 年，全网配电自动化覆盖率超过 90%，配电网通信覆盖率超过 95%。

南方电网公司按照"试点先行、分步实施、以点带面、全面推广"的原则，不断推进智能配电建设，积极以数字化、智能化手段开展业务转型升级和管理模式优化，全面推进智能配电网建设，在数字化、智能化建设上进行了大量实践，取得了积极成效。

终端建设方面，完成了第三代配电智能网关研发，已通过广州供电局等多家计量中心检测并开始挂网试点运行，达到了"一台区一终端"的技术方案，实现了对营配专业的数据统一接入与业务支撑，同时结合第三代网关试点推进营配融合建设，探索营配融合运维模式。全网范围内，配电智能网关的在线数量与在线率均稳步上升，智能配电房全网上线投产 4683 座，整体运行情况良好。

平台建设方面，2020 年全网统一的物联网平台部署上线，包括 1 个主节点（公司总部）、9 个分节点［超高压公司、各省（级）电网公司（其中广东电网 2 个节点）、调峰调频公司］，支撑发输变配等领域终端数据按照物联网协议进行统一接入、统一采集。2021 年底，电网管理平台试点上线，并于 2022 年 5 月实现全网推广，初步支撑了业务管理信息化。平台提供连接管理、设备管理、应用使能和运营支持等功能，具备亿级接入、千万级连接和百万级并发能力，实现各专业终端的电气量、状态量、环境量和视频图像等数据统一接入、采集和管理。物联网平台功能架构如图 6-9 所示。

功能开发方面，生产运行支持系统基于南网智瞰地图服务和全域物联网平台的实时数据，围绕智能配电站、智能开关站、智能台架变等业务场景，已实现 PC 端的智能配电网全景监测、智能配电房监测、智能低压台区监测、告警监测、站房管理、工

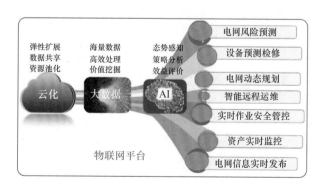

图 6-9　全域物联网平台功能架构图

程进度统计、离线监测、自动巡检等功能，在移动端实现了配电监测和告警查询功能。下一步继续推进智能配电房监测、低压台区监测和告警监测功能的实用化，完善告警处置、负荷分析、自定义巡检和调试工具等功能，新增架空线路监测和电缆线路监测功能。

系统应用方面，截至 2021 年 12 月底，全网范围内（含示范区）通过全域物联网平台共计接入 4550 座智能配电站（智能台区）。南方电网公司、广东电网及各供电局、贵州电网及各供电局、广西电网南宁供电局已开通网络策略，可通过 4A 平台登录使用生产运行支持系统。生产运行支持系统功能框架图见图 6-10。

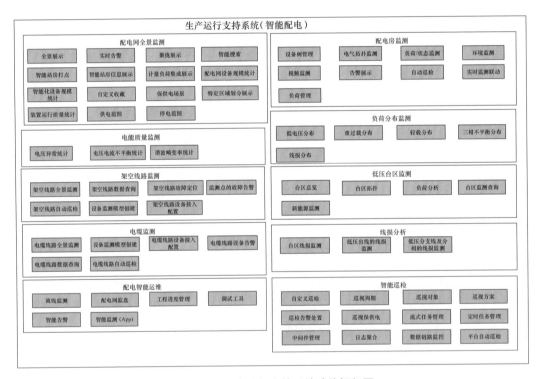

图 6-10　生产运行支持系统功能框架图

2. 智能配电 V3.0 试点应用情况

结合南方电网各示范区建设内容，示范区在配电网领域主要开展配电网网架建设、加快配电网自动化、高标准建设中心城市（区）配电网及推荐微网建设等示范应用建设，具体如下：

（1）差异化开展配电网网架建设。差异化提升配电网供电可靠性和网架灵活性，合理划分变电站供电范围，构建高中低压配电网相互匹配、强简有序、目标明确、过渡清晰的网络，提升城镇地区供电能力及供电安全水平，彻底消除过载问题，根本消除低电压问题。城市逐步推广网格化规划，分区配电网不宜交错重叠，并根据城市发展适时调整和优化。以目标接线为指导，加强主干网架建设，逐步解决高压配电网单线单变、一线多T等问题，进一步提升中压配电网联络率和可转供电率。

（2）全面加快配电网自动化建设。以"主干投逻辑、支线投保护"为原则构建示范点配电自动化建设，一是加强硬件建设投入，提升试点的配电自动化开关有效覆盖率。二是加强自愈试点建设，建设具备配网故障网格化拓扑和分布并行处理的主站集中型配网自愈功能，提升配网自愈覆盖率，实现区域内馈线 1min 内自动完成非故障区域恢复供电，做到高效自愈。三是试点区域配电自动化应与配电网一次系统同步规划、同步建设，新建馈线应按规划原则中的目标模式及设备选型进行建设，已有馈线综合考虑故障率、运维量等因素，区分轻重缓急，按照该目标模式及设备选型逐步开展一二次设备改造。

按照"建一回成一回"的原则，加快推进配电自动化有效覆盖，加强专业管理，加强配电自动化交接验收、投运质量管理，确保设备零缺陷投运，推进配网自愈功能建设，加快配电自动化实用化进程。配网自动化建设及应用成效显著，提高了供电可靠性，缩短了故障停电时间，实现了远程遥控和不停电环转供电，实时监控配电设备运行状态，为电网规划等提供数据支撑。

（3）高标准建设中心城市（区）配电网。积极推动中心城市（区）配电网高质量建设，已在粤港澳大湾区等城市选取核心区域，以用户平均停电时间 2.5min 为目标开展更高可靠性建设，保障地区经济社会快速发展。针对高负荷密度、高可靠性要求区域，基于《标准设计 V3.0》技术路线，建设高品质供电引领区，客户年平均停电时间达到 2.5min，电压质量达到 99.999%，配电自愈达到 100%，达到国际顶尖水平。

目前建设的示范区有深圳的南山环深圳湾、罗湖红岭新兴金融产业带、前海合作区、宝安中心区、龙岗大运新城、光明科学城等；广州的人工智能与数字经济试验区核心区、南沙明珠湾核心区等。

加快推进农网改造升级建设。"十三五"以来，南方电网公司高度重视、迅速落实，扎实推进新一轮农网改造升级建设，完成了 7665 个小城镇中心村电网改造升级 4709 个机井通电和 262 个贫困村通动力电三大攻坚任务；完成 24 个"小康用电示范县"、18 个"中国特色小镇"电网建设,实现智能电表、低压集抄全覆盖,自然村通动力电全覆盖。南方五省区以省区为单位,农村电网"两率一户"指标达到或超过国家目标。农网改造升级改善了农村生产生活条件,促进了农村经济发展和农村消费升级,农村用电量快速增长。通过实施新一轮农网改造升级,实现了农村基础设施补短板、强弱项,全面保障农村地区电力供应,城乡电力服务差距明显缩小,农网改造升级扩大了投资规模,增加了就业,促进了农村经济发展和农村消费升级,电气化进程随之提速,带动了上下游相关产业发展,为打赢脱贫攻坚战、助力乡村振兴发展发挥了重要作用。

(4)着力解决配电网低电压问题。充分重视配电网低电压问题治理,推广电能质量在线监测物联终端,快速感知电能质量信息,构建敏感用户优质供电增值服务方案,不断优化电力营商环境。例如,通过 HPLC/ 双模通信方式的全覆盖和新一代智能总表和智能电表的全覆盖,可以实现低压分路负荷监测和三相不平衡及低电压等告警、低压停电主动抢修、低压精准调荷等功能,支撑低压自动化、营配业务协同管理,具备现货交易、新能源双向计量、用户侧能效管控等相关功能的支撑能力。

(5)加强配电新技术应用。选取突出地区,因地制宜分类实施,制定行动计划,加强治理新技术、新方法、新设备应用,开展"补短板"专项提升行动,有效提升电网结构和运行水平。例如,唐家湾科技园示范区开展以多能联供的综合能源运营、供需互动的柔性配电网络、集成共享的智慧能源大数据应用、服务创新的新型市场模式为应用场景,进行"互联网+"智慧能源示范。

建立交流机制,强化系统内交流。开展"结对子""帮扶"等方式,加强省间和省内规划建设人员交流,便于交流学习新技术和先进管理经验。建立行业内外常态交流机制。定期邀请高校、研究机构专家学者和政府政策制定者来交流授课,加强规划建设领域系统内与设计单位、施工单位等系统外单位之间的挂职锻炼交流,进一步拓宽规划人员视野,提升规划建设人员整体业务素质。

(6)推进微网建设。统筹利用区域分布式能源资源,充分评估能源资源、负荷特性和电网条件,因地制宜建设多模式微电网,解决海岛和偏远地区供电问题,提高电网薄弱地区供电质量,提供高可靠性区域优质的电力服务。推进微电网在不同应用场景的应用。充分利用地方小水电、光伏、风电、沼气等可再生能源,因地制宜构建离网型微网和并网型微网,更好保障偏远地区电网用电需求,降低用能成本,提高资源使用效率。

建设微电网实验室,重点对离网型零碳能源体系、多能互补优化、交直流配用电系统、智能运维、多能源计量及信息交互、经济优化运行、柔性负荷调度等开展技术攻关和示范工程建设，形成可移植的离网型海岛智能微网规划、建设、运营技术体系。

二、典型工程案例

2021 年，南方电网公司印发《南方电网公司全面推进标准设计与典型造价 V3.0 智能配电项目加快建设现代化配网实施方案》，落实"十四五"期间将全面建设安全、可靠、绿色、高效、智能的现代化配电网的发展战略。全网实现中压馈线自动化全覆盖，新建台区智能配电全覆盖，存量台区开展规模化改造。粤港澳大湾区、海南智能电网示范区、广东整体供电可靠性达到世界一流水平，重要节点城市达到世界领先水平。加快高可靠性示范区、新型城镇化配电网示范区和现代农村电网示范区建设。持续开展配电网通信网络建设，建成配网多维全景感知及智能运维体系，提升全网"站变线户"数据准确率，提升可观可测可控水平。

1. 高可靠性示范区和高品质供电引领区建设

针对负荷密度高、重要用户多、可靠性要求高的区域，基于《标准设计 V3.0》技术路线，从网架结构、装备技术水平、配电自动化、数字化、智能化及保供电建设等方面，采用较高标准、较高规格开展高可靠性示范区和高品质供电引领区建设。"十四五"期间，建成广州中新知识城、珠海横琴、海口江东新区等高可靠性示范区，达到国际领先水平；建成深圳南山环深圳湾、广州人工智能与数字经济试验区核心区等高品质供电引领区，达到高电能质量保障、高品质客户服务体验双领先的国际顶尖水平。

在网架结构、装备技术水平、配电自动化、智能配电技术建设等方面按照较高标准、较高规格、适度超前的原则，全面提升区域配电网技术标准，打造成网架坚强可靠、设备标准智能、调控高效灵活、运维精益有效、客服优质互动的一流配电网示范区。

（1）海南博鳌乐城国际医疗旅游先行区。海南博鳌乐城国际医疗旅游先行区于 2013 年 2 月 28 日经国务院批准设立，是我国第一家以国际医疗旅游服务、低碳生态社区和国际组织聚集为主要内容的国家级开发园区。

　　博鳌乐城智能电网综合示范项目遵循南方电网智能配电 V3.0 技术路线，项目建设智能配电站一座，光储充智慧停车场一座，柔性薄膜发电系统及 250kW/550kWh 预制舱式储能系统，智慧路灯 5 套。采用先进的一二次融合环网柜，可在线监测设备状态，有效应对海南高温、高湿、高盐的"三高"运行环境特征利用智能终端实时感知电网故障和运行状态。智能监控系统对设备外观、指针读数、开关位置和人脸等进行人工智能识别，通过与智慧头盔的远程联动为运维人员提供远程化、智能化运维提供有效支持。智能路灯综合柱杆集合了视频监控、5G 微基站等功能，为"平安城市""无人驾驶"等 5G 应用提供有效支持。利用柔性充电堆技术、能量管理系统，根据车场内汽车充电情况对光伏发电系统和储能系统进行协调控制，大幅提升充电桩利用率和能源利用效率。通过高速对等通信和边缘计算技术，快速就地处理故障，可在 300ms 内隔离故障，恢复用户供电，极大提高了供电可靠性，园区内供电可靠率可达 99.999%，用户平均停电时间不超过 5min/ 年。

　　该项目在光储充等新能源场景中的应用和成效为新型电力系统场景下的智能配电发展起到了示范作用。海南博鳌乐城智能电网示范项目见图 6-11。

图 6-11　海南博鳌乐城智能电网示范项目

　　（2）广州南沙明珠湾"5G +"智能电网示范工程。广州供电局基于"5G +智能电网"建设"统一部署、统筹安排、试点先行、有序推进"的工作原则，严格执行《国家级、省部级、公司级各类 5G 项目实施计划管控表》，打造南沙基于 5G 技术端到端数字电网业务应用示范区，完成配电自动化、配网 PMU、智能配电变压器台区、智能电房、智能管廊业务场景的 5G 示范应用验证。

　　基于 5G 新型网络架构及智能电网应用场景，完成融合 5G 的业务切片与资源管控软件核心功能模块研发，并与电信运营商 5G 电力切片业务管控系统的对接；完成两栖带电作业机器人、配电网保护与控制等典型业务场景的现网验证，确保成果可在广州南沙明珠湾示范区（以下简称示范区）示范应用；协调通信运营商，完成示范区融合 5G 网络部署，为业务示范做储备。

完善融合 5G 的业务切片与资源管控软件功能，实现对电力 5G 业务应用的可观、可管、可控，对接数字电网四大平台，支撑智能电网转型发展；完成输电线路状态在线监测及视频监控、变电站智能视频及环境监控等典型业务场景的示范应用，验证承载业务的可行性、安全性、可靠性和高效性。

在示范区集中开展 5G 承载电力全业务应用示范，5G 通信终端接入规模不少于 2500 台，形成区域示范效应。南沙明珠湾智能配电房见图 6-12。

图 6-12　南沙明珠湾智能配电房

（3）佛山南海金融高新区智能配电示范工程。南海金融高新区作为珠三角金融、科技、产业创新和"城产人"发展的标杆，佛山供电局以智能配电网助力南海金融高新区建立现代供电服务体系，推进示范区配网多模式自愈全覆盖，实现智能配电房全覆盖，形成智能化运维应用示范。

打造多模式配网故障自愈示范区，实现智能分布式自愈与主站就地协同型自愈灵活优化搭配新模式。示范区 10kV 公用线路自愈实现率、可转供电率、环网率、配电通信网光纤覆盖率达 100%。其中 8 条馈线运用智能分布式网络保护技术实现故障隔离和转供"秒级"响应，其余 36 回馈线实现电流时间级差型与主站协同型自愈，3min 内完成故障自动隔离和负荷转供。

打造世界一流智能配电站标杆，实现智能配电房全覆盖。示范区项目建设及验收，智能电房全覆盖，客户年均停电时间小于 2.5min。推广以 I38 为代表的 24 座智能配电站房的建设经验，按照《标准设计（V3.0）》中的高级配置要求，完成 10kV 夏北村民委员会夏逸花园 W 133 公用配电站、保利花园 10 号 V012 公用配电站、10kV 保利花园 13 号 V014 公用配电站、10kV 中海万锦东苑 6 号 L81 公用配电站等 153 间公用配电房等全部 153 座存量电房智能化改造，打造智能电房全覆盖示范区，实现智慧运维，免巡视、免运维，设备状态透明化，实时监测设备健康状态和运行环境，对危及设备安全运行的异常状态可及时报警，将自动化建设向低压配电网延伸，监控低压分支回路的负荷、电能质量和故障信息，实现设备状况一目了然。

（4）东莞松山湖智能配电示范工程。作为新兴产业和高科技产业的载体，松山湖在 IT 产业、生物技术产业、装备制造业等具有巨大的潜力。按照《标准设计（V3.0）》中的高级配置要求，东莞供电局将松山湖智能配电房改造项目共 51 个公用配电房改造为智能配电房。

1）对所有配电房增加环境采集单元、设备状态采集单元、视频监控单元、安防监控单元等各类传感器及监控设备，实现实时监控功能。

2）配电房增加低压台区拓扑识别装置，包括表箱拓扑测控装置、配电变压器拓扑测控装置、分支拓扑测控装置，实现低压拓扑识别功能。

3）松山湖园梦置业智能电房改造工程（圆梦雅居 1 号配电房）、松山湖长城世家智能电房改造工程（长城世家 2 号、2 期配电站）原有低压出线开关更换为低压智能塑壳断路器，加装低压智能换相断路器，实现低压可视化功能。

4）所有电房增加智能配电站监控终端：采取在网关处进行数据分发的模式，通过双网关向双主站系统上传数据开展应用，其中 A 网关为向外单位购置的网关，B 网关为南方电网框招智能网关，由 A 网关作为主网关接入各类数据，并分发给 B 网关。现场监测数据通过 A 网关接入了东莞供电局能源互联共享平台，通过 B 网关接入全域物联网平台，并上送生产运行支持系统，分别开展系统应用。

东莞供电局在松山湖试点推进智能配电房和智能台区建设，实现低压可视化，将低压线路拓扑识别、低压自动化应用等功能融入日常生产运维体系中的应用，推动低压网智能化运维、管理。

（5）建设成效。高可靠性示范区和高品质供电引领区的建设面向现代供电服务体系需求，从客户角度实现供电可靠性精准分析；面向新型电力系统发展趋势，支撑风、光、储能等分布式能源的可观、可测、可控，面向现货市场交易需要，实现用户用能习惯、支付行为等交易数据的采集，面向数字化、智能化技术发展趋势，支撑传感终端的接入的技术和作业、管理体系，形成一套国际领先的技术和管理标准。

示范区实现了配电变压器设备态势感知全面覆盖，完成了配网业务智能化及流程重构，建立了业务高效运转体系，支撑了企业高效运营、现货交易的实时响应、新能源运行状态的可观、可测、可控，助力多种竞争性业务拓展，为建成安全、绿色、高效的智能配电网提供有力支撑。

2. 新型城镇化配电网示范区建设

贯彻新型城镇化战略，基于"标准化、精益化、实用化、智能化"的城镇配电网建设思路及智能配电 V3.0 技术路线，坚持差异化、标准化的原则，推动配电网基础设施提档升级，推进设计水平升级和装备标准化配置，进一步缩小城乡供电服务差距。根据不同地区的发展地位及需求，因地制宜开展新型城镇化配电网示范区建设，支撑新型城镇化发展，为用户提供更加优质、高效、便捷、规范的供电服务。

（1）贵州凯里麻江 V3.0 透明配电台区示范工程。贵州凯里麻江 V3.0 透明配电台区是按照南方电网公司数字化转型"4321"系统架构，根据智能配电 V3.0 标准设计推广应用及示范性项目建设工作部署，南方电网公司内多个单位共同参与建设的示范工程。

该工程结合配电网业务需求，以配电智能网关为核心，采用先进的智能电气及传感设备，对存量的常规设备进行局部智能化改造，对存量智能设备调试接入，采用宽带载波、无线通信、RS485 等多种通信方式接入了 211 个智能终端设备，实现了低压台区"变—线—表区—用户"各节点电气量、设备状态量、运行环境量、电能量等全量数据的实时监测和融合应用，以最优方案、最小成本智能化升级改造。

对于有智能用电需求的客户，接入了三个客户智能用电设备（包括交流充电桩、空气能中央空调、智能微型断路器），为客户的能耗分析、安全用电、智能家居等增值服务的拓展打下了技术平台和模式基础。利用智能断路器和智能电表的实时电气量数据接入，实现了对电表配电箱的全面感知和运行指标的精准分析。有了每一个用户的实时用电信息，同时通过与客户服务平台的数据接口，获取了客户的营销信息、业务需求和相关工单，一张页面就能解决客户全方位高效服务问题。为解放用户提供了全面支撑平台，也为客户经理、客服调度、95598 等客服人员提供了统一的、实时的互动的坚强中、后台。

该工程同时结合硬件的改造、升级和优化，同步开展智能配电实时监控系统平台的优化开发与深化应用，紧抓配电网实时数据与客户服务、电气设备的互联互通，无缝链接安全生产和优质服务。为基层班组打造智能运维、智能生产、智能营销、智能服务的实用工具，为全方位客户服务体系构建数据全面、决策高效、界面友好的数据中台和应用系统平台，有效支撑配网电气运行监控、故障精准定位隔离、漏电预警及保护、三相不平衡智能调节、用户智能用电设备监测等业务。

（2）广西梧州城区智能化转型示范区。智能配电建设改造方面，按照智能配电 V3.0 标准设计，推进智能配电房与智能台区建设，有序推进存量台区智能化改造，完成梧州 10kV 福全线、正湖线等 8 条线路 8 个智能台区改造，提升示范区配电设备及其运行环境的感知能力。

配电智能运维方面，全面推广使用无人机巡视，完成 800km 中压线路飞巡目标，完成 4 回配网线路"三维建模 + 自主巡航"应用。

通过带有 RTK 功能的多旋翼无人机采集具备机巡条件的线路二维可见光影像数据，整理上传到可见光点云解算平台解算成三维模型。采用高性能虚拟终端或者工作站对解算后的点云数据进行标记杆塔、裁切、除噪点等处理，形成航线基础数据。点云数据处理完成后，将数据上传或推送至航线规划系统进行航线规划。

应用无人机"三维建模 + 自主巡航"飞巡技术提升巡视及维护效率。

（3）云浮新兴智能配网应用示范工程。配网通信方面，在 35kV 集成站至 10kV 龙泉线 29 号架段一条导线更换为 OPPC 光缆复合导线，在六祖站龙山线鹤门公用台区、六祖站龙山线塔脚村广场公用台区分别加装 TTU 通信终端，在六祖站龙山线明镜广场（应急发电车）、六祖站龙山线建兴开关站加装 WAPI 设备。

台区建设方面，更换低压台区电表宽带载波模块共 499 个，更换 9 个智能型塑壳出线开关，加装载波邮箱终端 25 套、载波路灯开关 20 个、配电智能网关 3 套、环境传感器 54 套。

广东云浮新兴智能配网应用示范工程采用本地采集数据、本地应用的建设模式，通过本地安装网关、传感器等终端设备,将数据上送地市局配电自动化主站,接入基于新一代载波技术的智能台区、智能配电房、智能充电桩、智能家居等实时运行数据、台账数据等,实现智能配电房、智能台区监测等应用。以打造新兴六祖景区高可靠性智能配网示范区为目标,推进配网通信建设,推动智能型塑壳开关等新兴技术试点应用,提升电网装备智能化应用水平。

(4)佛山紫南沙边智能配电房项目。佛山紫南沙边智能配电房采用南方电网智能配电V3.0的高级配置,配置了设备状态监测、电气量监测、环境监测、设备安防、视频监控等五类监测装置传感器。实现中压开关柜局放、轴头温度、配电变压器铁心温度等配电网设备在线状态,电气量监测涵盖中压—变压器—低压出线全景监测,视频监控实现远程调控,与安防告警、环境告警就地联动控制,通过边缘计算实现人脸、行为识别等功能。综上所述,沙边智能配电房遵循智能配电V3.0技术路线,实现对配电房远程实时监测,提升运行可靠性、运维工作效率。沙边智能配电站现场图见图6-13。

图6-13 沙边智能配电站现场图

通过生产运行支持系统及手机端App系统,借助智能网关边缘计算处理设备状态等数据,可过滤掉设备正常状态下的现场巡查工作需要,大幅提升保供电效率,并对设备状态异常告警等信号作出及时响应,开展靶向消缺检修。下图为紫南沙边配电站及低压三相不平衡监测结果,统计最高三相不平衡率和发生时间,可按日、周、月查询,并对异常进行告警等。智能配电站低压三相不平衡监测图见图6-14。配电房全感知信息见图6-15。

(5)佛山高明区智能配电示范工程。配电站、箱变、台架变智能化改造升级方面,示范工程根据《标准设计V3.0》,以低压出线保护测控、无功补偿装置监测为核心内容,通

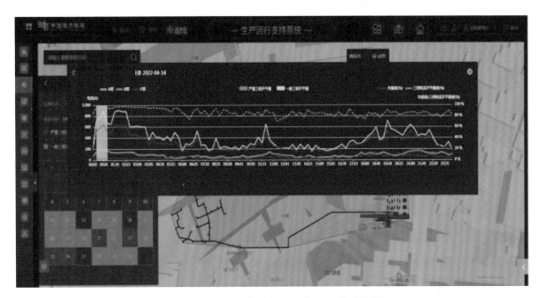

图 6-14 智能配电站低压三相不平衡监测图

图 6-15 配电房全感知信息

过配电网智能化改造升级，实现台区低压出线保护动作告警、户表停电告警、三相不平衡预警、低电压告警等系统应用，满足低压监控要求。同时，根据作业风险管控及现场运行监测环境需要，增加视频等环境安防类监测内容。

智能电表升级方面。示范工程将杨和供电所 4.5 万块电表全部更换为 07 规约电表，实现电压监测到每户表，并通过智能电表宽带载波通信模块更换改造实现户表实时数据、停电告警监测采集。完成 2 个台区智能终端和 532 个智能电表的更换，逐步实现杨和供电所辖区内台区末端用户侧运行透明化监测。

配网中低压数据质量提升方面，示范工程依托南网智瞰系统平台、以数字电网统一电子化移交维护入口，通过数采工作、入口电子化移交以及无人机巡视等方式，实现基于地图的中压线路路径、架空线架设及环境、电缆线路敷设、线路和设备台账、低压线路沿布图的透明化展示，部分隐蔽及关键设备线路实现简易三维模型的展示，实现高明区杨和供电所管辖区域内所有中、低压配电网物理透明化。

按照《标准设计 V3.0》，试点开展基于南网云架构的架空线在线监测、电缆在线监测试点建设，试点运用智能环网柜、智能低压柜、智能柱上开关等智能化融合设备。积极采用新技术、新设备、新材料、新工艺，提高配电网装备智能化、集成化、标准化水平。

（6）建设成效。新型城镇化配电网示范区的建设按照资产全生命周期管理及客户全方位服务理念，坚持问题导向、目标导向、结果导向，完善强简有序、灵活可靠的配电网架构，加强配电自动化及自愈建设，有序开展站房、台区智能化改造，利用传感技术、通信技术、可视化技术，将物理电网结构特性、生产运行业务信息进行综合、直观呈现和综合应用，解决配电网的"停电在哪里、负荷在哪里、低电压在哪里、风险在哪里、线损在哪里"等问题。

示范区建设试点成果切实提升了配电智能化应用水平和成效，有效提升了用户供电可靠性数据的科学性、完整性、及时性、准确性，实现了供电可靠性指标准确计算、分析和应用，推动配电网规范化管理，将供电可靠性管理延伸至低压配电网络，打通用户可靠性管理的最后一米。

3. 现代农村电网示范县工程示范

提升农村电网供电能力。持续推进农村电网基础设施提档升级，持续保障农村电网的投入力度，补充高压布点，进一步补齐局部农村电网发展短板，满足用电潜能释放需求，不断提高供电保障能力和服务水平。从电网规划建设、运行维护、市场营销等多个角度，重点解决农村电网过载台区，实现低电压问题的全面治理，提高配电网供电质量，改善居民生活用电条件。采用智能配电 V3.0 技术路线，整县推进现代化农村电网示范建设，服务乡村振兴战略。强化农村地区配电网网架结构，加强农村配电网电压治理。打造具有安全、可靠、绿色、高效、智能特征的现代农村电网，提升乡村新电气化水平，提升农村分布式能源消纳能力。

开展"补短板"专项提升行动。结合近两年投诉多、频繁停电、电压质量等方面，各省选取突出地区，因地制宜、分类实施，制定行动计划，加强治理新技术、新方法、新设备应用，开展"补短板"专项提升行动，有效提升电网结构和运行管理水平。突出解决典型县区电网薄弱问题，消除长期低电压、频繁停电等问题，综合指标明显提升，形成可推广复制的电网"补短板"治理提升方案。

为打造南方电网"安全、可靠、绿色、高效、智能"的现代化配电网，在河池东兰、贵州紫云、广东揭西、云南维西等贫困县（2021 年已实现全部脱贫）开展现代化农村智能电网项目示范建设。

（1）河池东兰农村智能电网示范县。"简单、经济、实用、高效"是河池东兰建设农村智能电网的根本遵循，提高劳动生产率和管理效率是各项工作的落脚点。因地制宜推进农村智能电网建设，通过推广应用成熟的智能化设备，在不对已有设备进行大幅改造的前提下，以较小的投资解决农村电网的重点难点问题。将智能化设备与供电服务和生产管理有机粘连，实现数据信息集中汇聚和统一管理应用。东兰智能配电网建设主要做了以下几个方面的内容：

1）完善和夯实东兰县电网结构。加强农网网架结构，升级高、中压配电网，完成 4 个 35kV 及以上项目、98 个中低压配网项目建设，增强供电可靠性和供电能力。

2）应用智能巡检监测装备，提升运维效率。通过积极研究应用先进技术、设备，提升东兰智能化运维水平。应用低压调节器、三相不平衡自动调节装置等新设备，助力解决低电压、重过载和三相不平衡问题。推进无人巡检飞机，切实改变农村电网故障查找慢、抢修停电时间长等问题，提升线路运维效率。

3）开展配网自动化和智能台区建设。开展中压线路配电自动化改造，实施 47 个配电自动化专项项目，实现配网自动化覆盖率 100%。推进高级量测体系应用，完成第一批 101 个智能台区数据调试上线，结合智能配电 V3.0 标准实施第二批 132 个智能台区改造，实现试点台区末端电压电流等 20 余项数据全采集，全面提升农网智能化解决方案。

4）结合农村配网实际，针对性解决问题。购置低压调压器 5 套、配电变压器三相不平衡调节装置 5 台、配置 4 台无人机，解决农网急迫问题；应用低压补偿装置、三相不平衡调整装置，形成解决台区低电压的套路。

5）运用丰富的数据，提升县域电网规划水平。应用配电网可视化系统高质量编制东兰"十四五"配电网规划。成功打通了生产、营销、调度、计量等各专业系统的信息孤岛，建成了全区统一的数字孪生电网平台，依托数字孪生电网平台的数据资源，配电网可视化规划系统率先在东兰供电局开展应用，有效提高"十四五"配电网规划质量。

（2）云南维西农村智能电网示范县。

1）解决维西县110kV电源点缺乏、35kV网架结构薄弱的问题，加强高压配电网电源支撑、优化网架结构。110kV变电站安装备自投装置工程、110kV攀天阁工业园区变电站改造工程、35kV攀天阁变电站进行增容改造工程和新建预舱式变电站工程已完成可研报告内审工作，110kV春独开关站扩建主变压器工程正在开展初步设计，35kV变电站新增无功补偿装置项目正在开展施工图设计。

2）解决维西县当前配电自动化零基础的问题，综合考虑线路上的用户数、线路长度、故障特点、信号值等，对配电自动化开关及终端进行布点。对于不同长度、不同干支结构的线路采用差异化的自动化开关配置原则。安装配电自动化开关共118台。

3）解决维西县广泛存在的中低压电网低电压问题，通过缩短线路路径、配置20台低压无功补偿设备实现中低压联合调压等手段，落实电压治理策略。立杆完成62基，导线展放1.1km。

4）提升智能化技术（设备）在维西电网的应用水平，进行智能配电台区和配电房试点，全面实现户表费控功能，户表进行HPLC宽带载波升级，HPLC宽带载波总量56250只，费控开关总量14000只。

通过对全县户表费控改造进行补齐和数据传输升级，解决低电压台区问题，对超长10kV线路进行优化，提升维西县配网基础建设。最终以智能电网展示厅的形式，全要素、全维度展示智能电网示范县建设成效。

（3）广东揭西农村智能电网示范县。

1）配电自动化建设方面。以提高供电可靠性作为核心目标，以"配网故障隔离＋快速故障定位"的模式，加快推进馈线自动化建设，进一步完善配电自动化开关在关键分段、重要分支和联络点的分布；在馈线自动化建设和可转供电线路建设基础上，持续提高馈线智能自愈能力。已投产年度馈线自动化项目5项，馈线自动化覆盖率已提升至80.3％；6回10kV线路实现自愈功能。

2）智能配电（台区）改造建设方面。通过低压总开关、分支开关电气量的采集，实现台区低压部分的可观可测，通过电气设备状态量的采集，提升配网运维效率。2020 年起，所有新建或更换的低压台区全部按照智能配电 V3.0 的要求开展设计以及建设，V3.0 智能台区项目投产 12 个。

3）智能巡检方面。积极推进智能巡检，常态化应用无人机开展线路巡检基础上，进一步推进无人机自动巡航，切实改善农村电网巡线困难、抢修停电时间长等问题，为基层运维人员减负。35kV 及以上线路机巡占比达到 90%以上，10kV 线路机巡占比达到 30%以上，并以大溪供电所为试点，实现 10kV 线路无人机自动巡航覆盖，下一步将以点带面，逐步在全县推广无人机自动巡航。

4）新一代智能量测体系建设方面。以贫困村低压配电台区作为试点，采用新一代宽带载波通信技术，实现试点智能台区低压用户数据全采集，扩大台区用户电能质量监测范围。共完成 328 个试点台区低压集抄宽带模块改造任务。

（4）建设成效。

1）探索出一条农村电网配电自动化实用化之路。结合现行设备管理制度、技术规范、技术标准，编制了配电自动化业务手册和技术标准，有效指导配网自动化设备建设、预调试、安装、验收、保护整定及日常运维等工作。在全广西成立首个配电自动化运维班，明确班组的管理职责和任务，实现配电自动化的专业管理，常态化开展故障分析和日常运维，有效解决配电自动化开关"建而未投、投而未用、用而无效"的问题。

2）探索出一条简单实用的智能台区改造之路。基于原有硬件设备，充分保证原有投资，深挖配电变压器终端和集中器价值，研发终端支持双主站配置，创造性解决各方数据需求问题，实现技术平滑过渡。一是通过加装电流互感器、温度传感器、分支数据监测终端、停上电功能模块等装置，实现对台区低压电压、电流、功率、相别、变压器油温、配电变压器温度等信息采集，满足对台区运行状态的可视化监测的要求；二是实现用户末端电压全采集和停电主动上报功能，更及时的掌握客户用电状态。改造智能台区的成本低廉，却实现配电变压器侧和用户侧全数据采集。

3）探索出一条农村电网无人化巡检之路。通过电网线路周期性网格化飞巡，有效地提高工作效率，切实解决配网日常巡视维护费时费力的难点，缓解了山区供电所结构性缺员、断层式老龄化与日益提高的线路巡视到位标准之间的矛盾，切实为基层减轻了工作负担，实现少量人力投入，解决大部分巡视任务。

在积极普及电网线路无人机巡视的同时，利用新型无人机 RTK 载波相位差分技术，通过高精度点云坐标精确规划巡视轨迹，逐步推广无人机自动巡检。

4）探索出一条农村电网智能化转型之路。一是依托数字孪生电网平台的数据资源，应用配电网可视化系统高质量编制东兰"十四五"配电网规划。二是自主开发东兰智能电网运营监控平台，加强大数据分析和应用管理，为政府和企业监测扶贫和电网建设成效提供有效支撑。三是打造一个覆盖"数据采集－业务应用"全流程的东兰农村智能电网应用系统，深度挖掘大数据分析价值，有效解决"停电在哪里、负荷在哪里、低电压在哪里、风险在哪里、线损在哪里"的问题，为基层减负的同时实现智慧化运营。

5）探索出一条可复制可推广的农村智能电网建设之路。一是总结和发布一批技术标准和规范，形成可复制技术框架和编制配套的管理机制和作业标准，支撑系统应用融入日常作业流程。通过可见的技术标准和可行的作业标准、可感的应用价值，更易于复制。二是充分考虑建设成本和运维成本，确保建设模式的可推广性。考虑农村智能电网建设可盈利的刚性需求，以及建设成本的要求，同时考虑运维阶段智能设备可靠性和易用性、易维护性，保证在农村地区的可广泛推广。

第三节 本章小结

本章主要介绍了智能配电典型应用场景及智能配电示范区。遵循《标准设计 V3.0》技术路线，在六大业务场景中全面推广应用智能配电，实现智能配电技术与业务的结合，强调智能配电对生产运维的支撑作用。

结合高可靠性示范区、新型城镇化配电网示范区和现代农村电网示范县三大典型工程案例，总结了相关建设工作成果，进一步概括了智能配电的实践成效，讲好智能配电故事，探索出了一条可复制、可推广、简单实用的智能配电网建设之路。

第七章

智能配电 V3.0 建设成效及成果

第一节　建设成效

智能配电 V3.0 已全面在南网五省区范围内推广应用，搭建起智能配电网完整的系统框架，确定了基于物联网技术、云—管—边—端统一架构的智能配网建设技术路线，有效解决了各类智能技术应用过程中统一架构问题，极大优化了传统的配网建设和运维模式。主要包含如下创新点：

（1）为统一配电网数据汇集模型，设计了基于物联网技术的标准件即插即用信息交互技术和云—管—边—端统一的智能配电网模型体系。

（2）针对规模化智能配电网建设与运行，设计了基于云平台策略的智能配电网整体解决架构，编制了系统性、完整性、全覆盖的智能配电网设计标准和设计方案。

（3）针对智能配电网数据交互安全，提出了面向电力边缘计算需求的数据安全防护方案，研制了配电网安全加密芯片。

（4）基于边缘业务应用的快速部署、灵活配置、可靠协同运行，研制了具备边缘计算能力与云—管—边—端协同的配电智能网关。

（5）为实现配电网全业务信息融合共享、支撑智能配电网的运行透明、管理透明和精准客服等，研发了贯穿营、配、调、规、安各环节，并能智能感知互联互通的网级配电网运行实时监测支持系统。

智能配电 V3.0 覆盖智能配电站、智能开关站、智能台区、中压线路、低压线路和配电网通信等各种配网类型监测、应用场景，其相关成果已形成设计标准、设备规范、建设标准，属国内电力行业首个发布的智能配电标准设计，并已由中国标准出版社出版发行。并累计获得专利授权证书及专利受理证明共 23 项，其中发明专利 14 项，实用新型专利 9 项，获得软件著作权证书 6 项。

南方电网公司已颁布《南方电网标准设计与典型造价 V3.0（智能配电　第一卷 ~ 第七卷）》，属国内电力行业首个系统性、完整性、全覆盖的智能配电网标准设计体系，明确了设计范围、系统架构、技术路线等智能化建设内容。各类智能传感终端的实时数据通过配电智能网关统一接入南网云平台，实现了各类业务场景终端数据的统一接入和数据资源网、省、地共享，有效解决了各类智能技术应用过程中烟囱式架构问题。结合简单易行的传输技术，满足多业务融合需求，实现便捷的远程维护，极大优化了传统的建设和运维模式。

在国内形成了基于物联网技术应用的配电智能网关、系列传感、通信网络、系统平台等产品框架体系，形成了一系列具有自主知识产权的产品、技术和标准，确立了南方电网基于南网云的智能配电网建设领先地位。其社会意义包括：

（1）"云大物移智"技术将深植基层配电网管理全过程，逐步形成智能运维模式，要求同步建立相应制度与之匹配。适应南方电网公司数字化转型的管理创新、管理理念和管理行为等变革不断加快。

（2）传统配电网结构的全面技术创新，将加快推动向国家一流配电网发展，必将带来管理思想、管理理念、管理行为的全面革新，提升"获得电力"指标，提升南方电网公司电力营商环境水平。提供更优质可靠的供电质量，为客户创造更多价值。

（3）制定了配网智能网关系列技术规范和标准，为后续的工程提供了标准和示范，节约了社会成本，促进了整个行业快速、健康发展。

（4）积累了配网智能网关设计、研发、运行、调试、运维等相关经验，锻炼了科研队伍，完善了科研设施，解决了关键难题，为后续相关项目的改进和建设增强了技术支撑能力。

（5）高效云边协同，促进生产监控模式转变。应用容器化部署技术集中管理人工智能算法，通过物联网平台将人工智能算法向边缘侧设备配置并管理，大幅提升工作质量效率。

第二节　建设成果

随着"十四五"智能电网、数字电网建设进入快速发展期，随着数字化、智能化技术的深度融合与应用，以数据作为驱动力不断推进设备、信息传输、数据平台、业务应用等数字化、智能化演进提升。

一、紧密围绕南方电网发展定位

围绕管设备、管现场、横向协同多、管理层级多的业务特点，构建具备"四全"特征的数字生产体系，实现提质增效、本质安全、促进产业链价值提升。

建设智能电网、数字电网的主力军。 把握数字时代发展机遇，积极融入智能电网、数字电网建设、运用新一代数字技术、智能技术加快推进设备智能化升级、管理数字化转型，提升设备状态实时感知、风险主动预警、作业精准管控等能力，创新拓展电网平台功能、优化生产组织，促进全网协同发展，提升电网规划建设、系统运行、设备管理、客户服务等多业务领域。

推进数智驱动的领跑者。 数据是生产要素，是基础性和战略性资源，也是重要生产力。南方电网公司数据具有体量大、实时性高、时效性强和社会价值高的特点。充分发挥数据要素赋能和价值创造作用，积极以数智手段开展业务转型升级和管理模式优化，全面推进智能电网建设。

构建电力生态的探索者。 积极参与新型电力系统构建，以输变配电业务为核心，推动业务布局向电力产业价值链高端迈进，联通产业链上下游，以独特的能源产业数据资源和服务资源，涵养生态环境，发挥聚合效应，提升生态整体价值，带动行业发展，探索电力生态发展新模式。

二、主要成果

智能配电技术路线是按照全域物联网"云—管—边—端"的体系架构设计，通过配电智能网关向下连接配电域各类传感器、采集器和监测终端，实现各类业务数据统一采集，向上接入到全域物联网平台，平台协同网级数据中心实现配电感知层数据对全网业务应用融合共享，如配网生产指挥平台、电网管理平台、计量自动化系统、配电自动化系统等，大大提升数据共享的实时性和准确性，实现配网设备状态精准感知和配网运行信息透明。

1. 统一技术路线

智能配电网的整体技术路线，智能配电房（智能台区）的技术路线已经全网统一，加快实现与现有的配网自动化、计量自动化等系统的数据交互，实现营配调数据融合，满足各个业务口的需求（如线损分析、主动停电抢修等）。采用拥有成熟的生产制造、检测检验体系的工业产品，确保智能配电未来可以稳定可靠运行。在通信方式选择上因地制宜，根据智能配电配网通信技术，可选择光纤或无线公网通信为主，无线信号弱且光纤覆盖率高的地区的智能配电房应转为更可靠的光纤通信技术。

2. 促进智能传感器在配电网规模化应用

现阶段南方电网公司集中采购的智能传感器共有 5 大类 17 项智能传感器，包括了电气保护测控类、设备状态监测类、环境监测类、配电房安防状态监测类、视频监测类，已实现全网规模化建设和应用，推动形成了国内良好的产业链生态发展。后续应进一步积累智能传感器历史运行数据，结合实际运行效果，优化迭代修编各类智能传感器的技术规范标准、配置指引。

3. 提升配电网数据挖掘能力

在加快形成智能配电网采集数据积累的前提下，进一步开展数据挖掘及自主学习，优化传感设备配置，指导设备运维策略，深化数据分析服务应用。

4. 加快推进配电网智能运维模式

对于已规模化完成智能化改造或新建的智能电房（智能台区）的区域，逐步开展远程无人巡视模式，取消现场人工定期巡视，由运维人员或生产指挥中心通过智能配电网运行监控系统进行日常远程巡视和监控，当发现数据异常或收到系统告警后，系统自动发起工单，提醒属地运维班组跟进。将配网实时采集信息通过平台快速传递，同时基于停电信息池服务，结合海量信息、故障录波、语义识别、图模服务等，实现中低压配电网状态智能研判，提示班组进行中低压工单合并，进而实现供电局及抢修班组的多部门、多层级高效协同抢修应用，提升故障信息传递及客户需求响应时效。

5. 实现多终端融合及多系统信息互联共享

依托生产运行指挥系统平台，完善网级智能配电网监控功能模块建设，融合南网智瞰、配网自动化、计量自动化、智能电表、电压监测、智能传感、运行数据、营销系统、调度系统、气象环境等数据，构建配电网运行一张图，实现设备缺陷、故障录波、低电压、重过载、可靠性等运行数据的可视化预警、告警，实现配电网运行透明化。增强多维度统计分析能力，实现基于短信、eLink 等实时通信手段的告警自动推送，与电网管理平台完成数据贯通，实现告警工单处理的闭环流转。加快移动 App 的功能完善，方便调试、运维人员通过移动 App 在现场查询确认各传感器反馈的数据。

第三节　本章小结

本章对智能配电的成效、成果作出了总结，对南方电网未来智能配电发展提出建议及设想。在"双碳"目标与能源转型背景下，构建具有透明化、低碳化、互动化、灵活化、多元化特征的现代化配电网，具有重要意义。

第八章

以世界一流为目标的现代化配电网发展趋势展望

构建以新能源为主体的新型电力系统，是对电力行业的全面变革。新型电力系统以新能源为主力电源，高渗透率接入的新能源将深刻改变传统电力系统的形态、特性和机理，新型电力系统将呈现高比例新能源随机特性及高比例电力电子特性，对电网可靠供电、安全稳定和经济运行带来新的挑战。电力系统将迫切需要灵活可控的功率调节资源和智能化运行管理方式，其形态也将随之改变。其中，配电网受到的影响尤为显著，以智能化手段为支撑，以满足能源电力新业态发展为目标，构建具有透明化、低碳化、互动化、灵活化、多元化特征的现代配电网，是实现"双碳"战略的重要构成部分，也是南方电网公司数字化转型和新型电力系统建设的重要落脚点。

第一节　构建新型电力系统的政策愿景

2021 年 3 月 15 日，中央财经委员会第九次会议指出，"十四五"是碳达峰的关键期、窗口期，要构建清洁、低碳、安全、高效的能源体系，控制化石能源总量，着力提高利用效能，实施可再生能源替代行动，深化电力体制改革，构建以新能源为主体的新型电力系统。电网连接着能源生产和消费，是构建新型电力系统的枢纽平台。南方电网公司将在构建新型电力系统进程中，加快步伐，发挥先行示范作用。

一、深刻认识新型电力系统的重大意义和显著特征

构建以新能源为主体的新型电力系统，是实现碳达峰、碳中和目标的战略选择，是推动能源革命的必然要求，是全面建设社会主义现代化强国的物质基础，具有重大的历史意义和现实意义。要实现这一目标，必须准确把握新型电力系统的丰富内涵和显著特征：

绿色高效。风光新能源将成为新增电源的主体，并在电源结构中占主导地位。伴随着能源革命进程的加快推进，新能源将迎来爆发式增长。初步测算，到 2030 和 2060 年，我国以风光为主的新能源发电量占比将分别超过 25% 和 60%，电力供给将朝着实现零碳化迈进。终端能源消费"新电气化"进程加快，用能清洁化和能效水平持续提升。初步测算，工业、建筑、交通三大领域终端用能电气化水平将从目前的 30%、30% 和 5% 提升至 2060 年的约 50%、75% 和 50%，数字经济的快速发展和电力电子装备的广泛应用将推动终端用能电气化水平和能效的提升。有效的电力市场机制在挖掘各类资源调节潜力、促进清洁能源消纳中的作用将更加凸显。灵活多样的市场化需求响应交易模式将引导供需互动、节约高效的能源消费方式，进一步提升电力系统整体效率。

柔性开放。电网作为新能源优化配置平台的作用更加显著。特高压柔性直流输电技术

支撑大规模新能源集中开发与跨省区高效优化配置，大电网柔性互联促进资源互济共享能力进一步提升，"跨省区主干电网＋中小型区域电网＋配网及微网"的柔性互联形态和智能化调控技术将使电网更加灵活可控，实现新能源按资源禀赋因地制宜广泛接入电网；配电网将呈现交直流混合柔性电网与有源微电网等多种形式协同发展态势，具备更高的灵活性与主动性，实现多元化源荷的开放接入和双向互动，促进分布式新能源高效就地消纳。储能技术将加快发展并规模化应用于支撑大规模新能源柔性并网和分布式新能源开放接入，全面感知的智能电网技术推动源网荷储各环节深度融合，展现出现代化电网的显著特征。

数字赋能。新型电力系统将呈现数字与物理系统深度融合，以数据流引领和优化能量流、业务流。以数据作为核心生产要素，打通源网荷储各环节信息，发电侧实现"全面可观、精确可测、高度可控"，电网侧形成云边融合的调控体系，用电侧有效聚合海量可调节资源支撑实时动态响应，通过海量信息数据分析和高性能计算技术，使电网具备超强感知能力、智慧决策能力和快速执行能力。

二、系统谋划统筹构建新型电力系统的三大关系

新能源高比例接入电力系统将深刻改变传统电力系统的形态、特性和机理，以新能源为主体的新型电力系统面临如下新形势新要求：

一是系统波动性急剧增大，惯量明显降低。相对于常规化石能源发电，风电和光伏出力具有明显的波动性。当风光等新能源成为主力电源时，其波动的幅度和频度将成为电力系统的主导特性。电动汽车充电等消费侧的多样性行为将导致负荷时空随机分布特性更加明显。以新能源为主体的电力系统表现出很强的电力电子化特点，基本不具备机械系统的惯性特征。

二是系统分布式特征更加明显、设备数量急剧增加。我国新能源发展呈现出集中式与分布式并举的态势，新能源发电设备的地理分布将更加分散。传统电力系统中千兆瓦级的煤电机组将被数量庞大的兆瓦级风电机组，甚至更低容量的百千瓦级光伏发电取代。新型电力系统中发电设备的数量将达到千万级，电力系统运行需要处理的数据对象将呈现爆炸式增长。

构建以新能源为主体的新型电力系统，全面支撑碳达峰、碳中和目标实现，是对能源电力行业的一场全局性革命性变革。要系统谋划、统筹处理好三个方面的关系。

一是统筹好新能源与电力保障的关系。持续可靠供电是保障经济发展和人民追求美好

生活的重要基础。风光等新能源发电具有较强的随机性、波动性和间歇性，对极端天气的耐受能力相对脆弱。随着新能源发电占比迅速提高，要统筹好新能源发展与电力保障的关系，加强各类电源协调规划，并通过市场化手段大力推进需求侧响应和储能规模化应用。

二是统筹好新能源与电网安全的关系。新能源为主体、高度电力电子化的新型电力系统将呈现低转动惯量、宽频域振荡、源荷双侧波动等新的动态特性，其运行规律和技术标准将发生深刻改变。要准确把握新型电力系统的运行特性，研究新型电力系统运行控制技术，并抓紧出台新型电力系统技术标准，打造本质安全的现代化电网。

三是统筹好新能源与电能供应经济性的关系。为适应高比例新能源并网消纳，保障新型电力系统安全可靠运行，电力系统源网荷储等环节的建设和运营成本将整体上升。要统筹好系统可靠安全供电与经济性之间的关系，及时开展电价趋势分析，推动电源侧降本增效，用户侧节能提效，电网企业履行好保底供电责任，源网荷储各环节协同发展。

三、探索以智能电网、数字电网推动构建新型电力系统的实践路径

智能电网、数字电网是新型电力系统的核心。依托强大的"电力＋算力"，使电网具备超强感知能力、智能决策能力和快速执行能力，支撑新型电力系统安全高效运行。

南方电网公司研究提出，应用新一代数字技术、智能技术对传统电网进行改造，促进电网安全、可靠、绿色、高效、智能运行。未来，南方电网公司将依托以智能电网为手段的数字电网建设，夯实数字电网基础，多措并举构建以新能源为主体的新型电力系统，支撑碳达峰、碳中和战略目标的实现。

以数据流打通能源生态系统，以智能电网、数字电网打造承载新型电力系统的最佳形态。以数字技术、智能技术改变传统作业模式，以数据驱动电网企业流程再造、组织变革和科学决策，实现与国家工业互联网的融通；通过数字技术、智能技术引导能量、数据、服务有序流动，实现能源产业价值链整合优化，以智能电网、数字电网为纽带构筑更加高效、绿色、经济的现代能源生态体系。通过构建面向产业链参与方的统一数字业务技术平台，实现生态共生、共享、共融、共赢。

创新驱动助力智能电网、数字电网建设，支撑新型电力系统构建。南方电网公司主动服务国家创新驱动发展战略，强化国家战略科技力量建设，发挥科技创新的支撑作用，积

极开展新型电力系统运行机理与发展形态等基础研究，在新能源发电大规模并网消纳、电网柔性互联、智能一体化调度、先进储能技术、虚拟电厂等方面实现突破，促进数字化、智能化技术与电力技术深度融合，建设支撑新型电力系统国家级创新平台，形成具有我国自主知识产权的新型电力系统关键技术和标准体系。加快实现关键领域核心技术独立自主和升级换代，促进形成完整且具备国际一流水平的电力产业链。

保障新能源充分消纳，推动构建多元能源供给体系。2020 年，南方电网非化石能源装机和电量占比分别达到 56% 和 53%，风光发电利用率均达 99.7%，居于全国领先的水平；抽水蓄能装机 788 万 kW，占比 2.07%，高于全国的 1.43%。南方电网将通过加快推动源网荷侧多类型储能技术应用，建立健全跨省区清洁能源消纳机制，全力服务新能源快速发展。"十四五"和"十五五"期间，推动南方区域分别新增 1 亿 kW 风光新能源装机，新能源装机将从目前 0.5 亿 kW 增加到 2030 年 2.5 亿 kW，支撑提前实现碳达峰目标。

加快构建坚强主网架和柔性配网，促进能源资源优化配置。南方电网公司拥有自主化的大容量特高压多端柔性直流输电技术，在大型交直流电网规划、建设和运行技术领域处于领先地位，受端电网直流受电比例已达到 30%。南方电网将持续发展电网核心技术，应用先进电力电子与数字技术、智能技术构建同步电网规模合理的柔性互联大电网，充分利用多端直流输电技术推动大规模海上风电、藏东南风光水互补能源基地的开发送出。建设灵活主动配网及微网，高效支撑分布式新能源的开发利用。

经过多年来发展，南方电网在非化石能源电量占比、可再生能源消纳水平、特高压柔性直流技术以及复杂大电网运行能力、电力市场建设、电网数字化、智能化技术等方面均处于国内领先水平，南方电网有基础、有经验、有能力，当好新型电力系统建设的先行者，打造清洁低碳电网典范，为我国实现碳达峰、碳中和目标贡献南网力量。

第二节　配电网"十四五"发展规划

安全、可靠、绿色、高效、智能的现代化电网以满足人民美好生活的能源电力需求为中心，以安全可靠为基本要求，以绿色为核心目标，以高效为本质特征，以数字化为基础，以智能化为手段。

南方电网公司将牢牢把握构建新型电力系统的重大机遇，认真落实"四个革命、一个合作"能源安全新战略，准确把握新发展阶段，深入贯彻新发展理念，加快构建新发展格局。实施创新驱动战略，加快数字化转型，推动新型电力系统上下游各环节高质量发展，服务清洁低碳、安全高效的能源体系建设，助力国家碳达峰、碳中和目标实现。

建设灵活可靠的智能配电。关键特征为"灵活可靠、可观可控、开放兼容、经济适用"。构建完善强简有序、灵活可靠的配电网架构，合理有效满足负荷增长和安全可靠供电需求，提升供电质量。精准打造现代农村电网，显著提升农村地区供电能力、用电质量和服务水平，提升乡村新电气化水平，加快实现城乡电力服务均等化。加强配电自动化、智能配电房、智能台区的建设，因地制宜推广应用微电网、主动配电网、中压线路在线监测，全面提升配电网装备水平和智能化水平，实现配电网可观可控，有效支撑高比例分布式新电源、微电网和多元负荷接入，广泛实现源网荷储协同、多能融合互补、多元聚合互动。

一、规划目标

以"两消除、两覆盖、四提升"为主要抓手，全面加快打造安全、可靠、绿色、高效、智能的现代化配电网，充分发挥现代化电网的核心平台作用，以创新为引领，不断推动理论技术创新和实践发展。

两消除。持续补齐农村配电网发展短板，"十四五"期间，消除 80km 以上存在频繁停电及低电压问题的 10kV 超长线路，消除年均客户停电时间 50h 以上的配电台区。

两覆盖。全面加强配电自动化和智能配电建设，全网实现中压馈线自动化全覆盖，新建台区智能配电全覆盖，存量台区实现规模化改造。

四提升。持续提升电网供电可靠性和供电质量。2025 年全网客户平均停电时间低于 4.9h，台区首端电压合格率达到 100%。粤港澳大湾区、海南智能电网示范区、广东整体供电可靠性达到世界一流水平，重要节点城市达到世界领先水平。巩固提升农村电网，逐步建设现代化农村电网。2025 年全网乡村地区年均停电时间小于 7.5h/ 户。提升配网可观可测可控水平。建成配网多维全景感知及智能运维体系，基本实现全网"站变线户"数据准确率 100%。

建成安全、可靠、绿色、高效、智能的现代化配电网，实现城乡供电服务均等化，全面满足负荷增长和安全可靠供电需求，供电质量和服务水平明显提升，装备标准化和配电网数字化智能化水平进一步提高，实现配网可观可控，分布式新能源基本实现全部消纳，电能在能源消费中的比重持续提高。具体主要规划指标如表 8-1 所示。

表 8-1　南方电网"十四五"配电网建设改造主要规划指标

类别	指标	2025 年目标值
安全	一级事件及以上电力安全风险事件（个）	0
	城区高压配电网 N-1 通过率（%）	100
	C 类及以上 110kV 主变 N-1 通过率（%）	95
	110kV 线路 N-1 通过率（%）	95
	涉及人身安全的低压裸导线（km）	0
可靠	供电可靠率（%）	99.944
	其中：中心城市（区）（%）	99.994
	城镇（%）	99.977
	乡村（%）	99.914
	客户年均停电时间（h）	4.9
	其中：中心城市（区）（h）	0.5
	城镇（h）	2
	乡村（h）	7.5
	综合电压合格率（%）	99.90
	农村户均配电变压器容量（kVA/户）	2.5
	10（20）kV 线路可转供电率（%）	85
绿色	可再生能源消纳率（%）	≥ 95
	110 kV 及以下线损率（%）	4
	城乡服务均等化指数	< 4.2
高效	110 kV 容载比	2.0~2.2
	中压线路轻载比例（%）	< 6
	配电变压器轻载比例（%）	< 6
	"站变线户"数据准确率（%）	100

类别	指标	2025 年目标值
智能	配电自动化覆盖率（%）	99
	配电自动化有效覆盖率（%）	≥ 95
	配电通信网覆盖率（%）	100
	智能电表覆盖率（%）	100
	低压集抄覆盖率（%）	100

安全。构建完善强简有序、灵活可靠的配电网架构，配电网网架结构不断加强，有效支撑电力供应保障能力建设，电网抗故障、抗攻击能力大幅提升。全面消除正常方式下单一元件故障导致的一级事件及以上电力安全事故风险，110kV 线路 "N-1" 通过率达到 95%，C 类及以上 110kV 主变压器 "N-1" 通过率达到 95%，全面消除涉及人身安全的低压裸导线。

可靠。装备标准化和质量水平进一步提高，供电可靠性和电能质量持续提升，全面满足负荷增长和安全可靠供电需求。高可靠性供电示范区客户平均停电时间小于 5min，粤港澳大湾区、海南智能电网示范区、广东整体达到世界一流水平，重要节点城市达到世界领先水平；中心城市（区）客户年均停电时间不超过 30min，城镇地区客户年均停电时间不超过 2h，保障地区经济社会快速发展；农村及偏远地区基本解决电网薄弱问题，客户年均停电时间不超过 7.5h，较 2020 年再下降 50%。

绿色。清洁能源实现经济、高效和合理足额消纳，提高新能源接纳能力，有序推进整县分布式光伏接入，因地制宜推广微电网、主动配电网、直流配网等先进技术应用，大幅提高装备节能化水平，形成具有南方电网特色的差异化、多模式供电解决方案，满足海岛供电、偏远地区供电、城市高可靠性供电等需求，可再生能源消纳率达到 95%；110kV 及以下线损率不高于 4%；电气化水平进一步提升，满足南方五省区 500 万辆以上电动汽车充放电需求。

高效。现代供电服务体系基本形成，运营智慧化、服务现代化水平显著增强，城乡供电均等化水平明显提升。配农网设备利用率明显改善，投资效益明显提升，资产报废净值率达到世界一流水平。基本实现全网"站变线户"数据准确率 100%；提升用电服务精细化水平，为客户提供定制灵活、选择多样、高效便捷的精细化用电保障服务。

智能。装备智能化水平显著增强，配电自动化覆盖率及实用率明显提升，全面建成配电网数字化平台，智能配电房及台区实现规模化应用，有效提升配电网可观可测可控，建成配网多维全景感知及智能运维体系。智能电表、低压集抄覆盖率100%，配电自动化有效覆盖率不低于95%，配电通信网覆盖率达到100%。

二、具体举措

1. 持续加强城镇配电网

完善配电网网架。以供电可靠性为牵引，采用区域差异化建设标准，合理划分变电站供电范围，构建高中低压配电网相互匹配、强简有序、目标明确、过渡清晰的网络，提升城镇地区供电能力及供电安全水平，彻底消除过载问题，根本消除低电压问题。城市逐步推广网格化规划，分区配电网不宜交错重叠，并根据城市发展适时调整和优化。以目标接线为指导，加强主干网架建设，逐步解决高压配电网单线单变、一线多 T 等问题，进一步提升中压配电网联络率和可转供电率。

开展高可靠性示范区和高品质供电引领区建设。在"十三五"高可靠性示范区建设经验基础上，继续探索创新，针对负荷密度高、重要用户多、可靠性要求高的区域，基于智能配电 V3.0 技术路线，从网架结构、装备技术水平、配电自动化、数字化、智能化及保供电建设等方面，采用较高标准、较高规格开展高可靠性示范区和高品质供电引领区建设。

开展新型城镇化配电网示范区建设。贯彻新型城镇化战略，结合新型城镇化建设重点任务，基于智能配电 V3.0 技术路线，坚持差异化、标准化的原则，推动配电网基础设施提档升级，推进设计水平升级和装备标准化配置，进一步缩小城乡供电服务差距。根据不同地区的发展地位及需求，因地制宜开展新型城镇化配电网示范区建设，支撑新型城镇化发展，为用户提供更加优质、高效、便捷、规范的供电服务。

老旧小区改造配套电网建设。确保补齐城镇电网发展短板，提高城镇老旧小区供电保障能力。结合政府老旧小区改造计划，配合做好相关电网的增容改造，彻底解决城镇老旧小区供电设备重过载、用电紧张等存量问题，有效保障老旧小区加装电梯计划以及基础设施改善后居民用电增长等新增用电负荷需要。推动政府统一落实配电房用地及土建移交，解决低压管廊、配电箱等供电设施落地问题。

新型基础建设工程配套电网建设。充分考虑新型基础建设发展趋势，建立"新基建"项目立项信息互通共享机制，融合新型基础建设特性，保障 5G 基站、数据中心等新型基础设施建设。

2. 巩固提升农村配电网

提升农村电网供电能力。持续推进农村电网基础设施提档升级，持续保障农村电网的投入力度，补充高压布点，进一步补齐局部农村电网发展短板，满足用电潜能释放需求，不断提高供电保障能力和服务水平。从电网规划建设、运行维护、市场营销等多个角度，重点解决农村电网过载台区，实现低电压问题的全面治理，提高配电网供电质量，改善居民生活用电条件。推进 35kV 配电化应用，实现 35kV 及以上电源布点县城全覆盖。保障国家级贫困县、集中连片特困地区以及左右江、琼崖、海陆丰等革命老区已脱贫重点地区的电力服务质量，继续加大易地扶贫搬迁后扶持力度，动态分析用电需求，持续做好产业扶贫工程配套电网建设。

开展"补短板"专项提升行动。结合近两年投诉多、频繁停电、电压质量等方面，各省选取突出地区，因地制宜、分类实施，制定行动计划，加强治理新技术、新方法、新设备应用，开展"补短板"专项提升行动，有效提升电网结构和运行管理水平。突出解决典型县区电网薄弱问题，消除长期低电压、频繁停电等问题，综合指标明显提升，形成可推广复制的电网"补短板"治理提升方案。

实现城乡供电服务均等化。提升农村供电服务水平，推进城乡供电服务均等化。结合易地搬迁、扶贫产业用电问题等扶贫攻坚重点工作，差异化开展农村电网规划、投资及建设管理，全面改善农业生产设施用电问题，满足新增用电需求。坚持差异化、标准化的原则，推进农村电网设计水平升级和农村电网装备标准化配置，提升设备供电安全保障能力，提高设备供电能力、运维效率和健康水平，推动农村电网基础设施提档升级，缩小城乡供电服务差距。提升农村电网设计水平，推行农村电网模块化设计、规范化选型、标准化建设，提高农村电网对负荷增长的适应能力，逐步实现城乡电网均等化发展。

提升乡村新电气化水平，提升农村分布式能源消纳能力，助力建设美丽乡村。加大农村充电基础设施布局建设，实施乡村电能替代，推进农业生产新电气化，推动乡村生活新电气化，推广农村交通新电气化。结合南方区域产业特色，推动典型区域及行业新电气化建设，推动打造能源消费新电气化示范村镇和全电旅游景区，助力乡村产业现代化转型，推进乡村生态文明和美丽乡村建设。围绕提升电力普遍服务能力，全面推进现代化农村电网建设，支持乡村电气化提升、美丽乡村等配套电力保障，进一步拉近城乡差距，加快城乡一体化进程，同时为用电客户提供更加优质、高效、便捷、规范的供电服务。根据不同农村地区的发展地位及需求，采用智能配电 V3.0 技术路线，因地制宜开展现代化农村电网示范县建设，打造具有安全、可靠、绿色、高效、智能特征的现代农村电网，支撑农业农村现代化发展，提供高水平农村供电服务现代化。建设综合能源应用示范村（镇），提升农村分布式能源消纳能力，农村新能源项目做到"应并尽并"，可再生能源消纳率不低于95%，推动农村新能源开发利用，构建清洁低碳的农村能源供给体系。统筹利用区域分布式能源资源，建设光储、柴油发电机、生物质、小水电等因地制宜的农村微电网独立供电解决方案，持续提升电能质量、供电可靠性和供电能力。

3. 提升配电网装备水平

积极推进标准化、节能型、智能化、绿色环保型设备改造升级。根据"高可靠、少（免）维护、低损耗"的设备选型原则，优化设备序列，简化设备种类，推进配电网装备标准化、序列化、简约化，推进配电网设备功能一体化、模块化、接口标准化，满足带电作业需求，提升配电设备品控水平。优化升级配电变压器和开关设备，推动非晶合金变压器等节能型、天然酯绝缘油变压器和植物油变压器等绿色环保型、高过载能力型变压器、调容变压器等设备应用，逐步提升高效节能变压器在网运行比例。推进开关设备智能化，提升配电网开关动作准确率。

提升中低压配电网绝缘化水平。按照"先规划、后建设"的原则，做好配电网规划建设与城市管廊专项规划的有效衔接，在符合条件的区域，结合市政建设，有序推进电力电缆通道建设，电力电缆和光缆通道与市政基础设施同步规划、同步设计、同步建设，推动城市地下空间资源的统筹规划和综合利用，提高城市综合承载能力，持续提升电缆覆盖水平；在树线矛盾严重地区以及城镇建筑密集地区，加强架空线路绝缘化改造。按标准分类型对低压裸导线进行改造，优先改造涉及人身安全和达到资产生命周期的低压裸导线，逐步改造其余低压裸导线。

提升不停电作业能力，加强配网抢修管理。利用低压临时转供、加装发电车快速接口和低压联络装置等技术不断推广不停电作业项目，逐步覆盖停电作业的项目；积极研发不停电作业新技术，促进机械化工作水平，提高劳动效率。开展不停电作业示范区建设，建成后示范区计划停电零影响。依托营配调贯通成果及业务融合，进一步开展数据治理与功能优化，综合分析停电故障及用户报修信息，实施实用化故障辅助研判，全面支撑配网故障主动抢修业务应用。

开展三线整治建设。为了提升城市面貌和保障用电安全的原则，对老旧小区存在安全隐患的"三线"进行整治；整改方案要做到强弱分离，并与城市规划、电网规划及通信规划等密切关联；推动政府统一规划建设老旧小区强弱电管道，电力线路整改与通信线路整改同步进行，确保老旧小区强弱电线路一次整改规范到位，并留有裕度。在做好电力基础设施改造建设的同时，结合国家关于弱电网络架设路径或地下管网建设的最新标准和要求综合考虑，避免重复建设。推动将现有私拉乱接、相互缠绕敷设、存在触电及消防安全隐患等老旧小区管线网络进行整治；建立满足网络、信息、消防安全标准的低压供电网络及通信网络，以达到安全、整洁、规范的目标，并开展规范化日常运维工作。

4. 加强配网智能化建设

研发应用配电智能化装备。研制配电网一二次融合的柱上开关、环网柜、智能台架变和低压数字柜等主要配网设备，全面提升配网设备智能化、标准化水平，推行功能一体化、设备模块化、接口标准化。基于"科学、合理、适用"的原则，研发具备高可靠性、小型化和节能等特点的配电智能传感器，实现智能配电的全面感知。研发电流、电压、测温、局放等新型传感器，构建智能配电设备。强化安全防护、数据采集及边缘计算能力，进一步推动跨专业数据就地融合、集成共享，促进生产运行提质增效，支撑配电生产运行及业务管理的智能化需求。

加强配电自动化实用化建设。以简洁、实用、经济为原则，综合考虑地区发展需求、配电网网架结构及一次设备装备水平，因地制宜选择配电自动化技术路线，统筹开展差异化的、基于馈线组的、以故障自愈为方向的馈线自动化建设，推进完善网架结构，实现自动化布点充足合理，线路用户分段均衡，故障快速定位、故障自动隔离和网络重构自愈。完善配电自动化主站终端接入功能，切实提升配电自动化有效覆盖率和实用化水平，全面推进以故障自愈为方向的配电自动化建设，有效实现配网状态监测、故障快速定位、故障自动隔离和网络重构自愈。探索配网终端远程智能运维、5G 配网差动保护、多功能集成一体化云边融合终端等技术，开展 5G 配网差动保护小范围示范建设。配电自动化应与配电网一次系统同步规划，同步建设，新建馈线应按规划原则中的目标模式及设备选型进行建设，已有馈线综合考虑故障率、运维量等因素，区分轻重缓急，按照该目标模式及设备选型逐步开展一二次设备改造。逐步延伸配电自动化覆盖面，实现中压电网各配电自动化三遥节点、分布式电源、微电网、储能装置站点、电动汽车充换电站、重要配电房等位置的有效覆盖。

推进智能配电建设改造。推进智能配电站、智能开关站、台架变智能台区建设。因地制宜选取配置方案，结合地区的运维要求，依据供电区域等级、供电负荷重要程度等因素对智能配电站、智能开关站、台架变智能台区进行差异化配置，进一步提升配电网设备在线状态监测水平，提高农村电网运维巡检智能化水平，实现配网状态可视化和信息互动化。

新建工程基于智能配电 V3.0 技术路线，按照差异化原则，全面覆盖实施智能配电站、智能开关站、智能台架变、低压透明台区工程项目建设，实现智能化设备的同步设计、同步实施、同步验收、同步投运，实现配网设备的状态全面感知和远程实时监测，实现低压台区"线、变、户"的全透明、全感知，支撑智能规划、智能运维、智能营销等业务。

存量配电设备智能化改造升级遵循"试点先行、稳步推进"的原则，选取试点片区作为智能配电示范建设与智能运维评估对象，基于智能配电 V3.0 技术路线，在高可靠及高品质供电示范区、智能配电改造升级示范区实现存量配电站、开关站、台区智能化改造全覆盖，在新型城镇化配电网示范区、现代化农村电网示范县规模化推进配电设备智能化升级，初步具备县（区）域智能配电、智能配电整体性、全域性运行特征。开展智能配电规划建设效果评估工作，在总结试点经验的基础上，以区县为单位开展规模化改造。

推进微电网建设。统筹利用区域分布式能源资源，充分评估能源资源、负荷特性和电网条件，因地制宜建设多模式微网，解决海岛和偏远地区供电问题，提高电网薄弱地区供电质量，提供高可靠性区域优质的电力服务。推进微电网在不同应用场景的应用。充分利用地方小水电、光伏、风电、沼气等可再生能源，因地制宜构建离网型微网和并网型微网，更好保障偏远地区电网用电需求，降低用能成本，提高资源使用效率。

推广应用智能网关。第一代配电智能网关采集配电房低压出线分支电流、电压、设备状态、环境等信息，通过内部专网或无线公网的通信方式将数据上送至部署在 Ⅲ 区的全域物联网平台。第二代配电智能网关在第一代配电智能网关的基础上，增加交流采样模块，采集配电变压器状态监测类信息，并与新一代集中器之间采用RS485或232等非网络通信方式实现数据融合（交互配电变压器监测数据、低压集抄数据）。第三代配电智能网关在第二代配电智能网关的基础上融合配电自动化终端和集中器的功能，采集数据将统一送至全域物联网平台。结合第一代配电智能网关试点应用经验，推动第二代配电智能网关应用，加快研制并推广应用第三代配电智能网关。保持升级迭代连续性，第一代、第二代配电智能网关须具备方便升级至第三代智能网关的条件。"十四五"期间，逐步推广应用配电智能网关、智能传感器等智能化装备，实现中低压配电网设备关键运行数据的在线监测和异常报警，提高配电网运维巡检智能化水平。

开展配电网柔性化建设。加强分布式电源、储能及多元负荷等设备并网标准化、模块化建设，支持"即插即用"与"双向传输"，实现对分布式电源、储能及多样性负荷的综合控制及配电网的有效管理。基于电力电子技术的柔性设备，开展高电能质量示范工程建设，提高电压敏感用户的优质供电保障能力。

5. 建设多样互动的用电

有序推广新型智能电表。结合设备平均自然寿命周期和业务发展需要，开展智能电表批量改造，保障计量装置稳定运行，有序推广新型智能电表。新型智能电能表在满足"计量与管理分离"的法制要求下，实现用户电压监测、谐波计量、停电状态监测等高级应用需求，提升现场设备的智能化水平和应用，促进计量业务的数字化、智能化转型。

有序推动智能计量终端应用。结合设备平均自然寿命周期和业务发展需要，推动新型智能计量终端的应用，保障计量装置稳定运行，提升计量终端的智能运维、边缘计算等能力，推广宽带载波、5G、光纤通信等高速远程通信技术应用，稳步提升智能计量终端对营销业务的支撑作用。

打造多样互动的供电服务，推动智能小区建设；探索构建家庭能效管理体系，持续优化用电营商环境，进一步提升互联网客户服务水平。推动节能减排，加大充电基础设施布局建设，大力推广电能替代，推进交通电气化（含电动汽车、轨道交通、港口岸电）、电磁厨房等领域电能替代。积极推动需求侧响应，加快建设统一需求侧管理平台，配合政府建立健全电力需求响应机制；推动智能互联，打造服务平台，建设智能互动服务体系，实现配电网友好开放、灵活互动。

第三节　总结与展望

一、数字化、智能化技术的发展为电网生产提供更加丰富的手段

当前的电网系统输送的能源主要还是化石能源、集中式生产形态的能源，但随着风、光等新能源发电的迅猛发展和电力电子技术在电力生产、传输和消费等环节的广泛应用，电网生产系统正在面临可靠性供电、新能源消纳、智能优化运行、安全稳定生产等方面新的挑战。

未来的电网生产，必须了解在新的约束条件下所呈现出来电力系统、电力设备运行特性，充分了解以新能源为主体电力系统安全稳定控制、多时空尺度电力电量平衡、大规模新能源源网协调控制、大规模新能源发电高效并网与消纳、设备本体自检、自控、自愈等问题并开展技术攻关，才能够有效的实现支撑新型电力系统运行体系和数字化、智能化支撑体系的构建。所幸信息、通信、人工智能等技术迅猛发展，它们和电力能源、物理电网深度融合，使得整个电力系统的调配能力可以展现出一种全新的形态。

1. 应用电力电子技术提高电能质量

随着变频装置等非线性、冲击性负荷接入电网日渐增多，威胁电能质量的既包括谐波、电压波动等静态电能质量问题，也包括电压暂降和短时断电、电压闪变等动态电能质量问题，在电网系统中实现电能质量的监测与优化成为未来电网需要关注的重要能力。运用电力新技术对电能质量进行系统化地综合补偿，这将是今后解决电能质量问题的最根本途径，这其中包括用于快速调节无功功率的 SVC 技术，消除和抑制高次谐波的无源滤波技术，抑制闪变及补偿无功的有源滤波技术，综合面对电压跌落、浪涌、电压脉冲等问题的动态电压恢复器（DVR）、配电系统用静止无功补偿器（D-SSTACOM）、固态切换开关

（SSTS）技术等。

2. 提高智能设备自感、自测、自控能力

智能装备是智慧运行的基础和前提，智能装备主要体现在装备自身具备智感、智测、智控的能力，达到减少人工干预、提升自身性能、减少处理成本、快速恢复供电的目标要求。未来智能装备应用发展方向是数字化、集成化、标准化、模块化、智能化，具备满足电网安全和可靠性需求的更高性能、适应智慧化发展的更多功能、体现精益化要求的更佳结构。

3. 加强设备态势感知能力

基于物联网技术，在电网生产管理数据的基础上，可融合各类设备在线监测、离线检测、运行工况、巡视维护、移动终端等数据，以及卫星监测、气象、地质、水文等环境信息，构建电网设备全维度状态监测网络。设备站端，各类传感器实现设备全生命周期数据的完整获取，全工况运行参数的感知测量，全场景影响要素的信息交换，为电网设备的精益化管控奠定基础。云端、边端，充分利用大数据及人工智能技术，从全局视角实现设备状态的实时评价、设备缺陷的精准识别、设备风险的提前预警、设备趋势的模拟预测，形成状态评价模型的自动学习、持续迭代、自我完善及异常诊断，实现设备的态势感知，更深层次、更准确反映设备运行状态。

4. 优化边缘计算实现现场控制闭环

随着终端的数量增长和数据量的增长，云端的数据处理能力和成本都会成为挑战，因而产生了在数据中心外处理数据的需要，从云中心计算的模式发展出来更多的形态，在云中心到终端设备的链路上，在不同的位置放置计算能力处理部分或特定终端的数据，再进而交给云中心做后续处理，这样的多级算力模式，可以有效地减轻云中心的负担，也解决了云中心与终端设备之间因链路长而导致的时延问题，使得终端可以更快速的响应现场交

互。边缘计算技术的提升为现场态势感知带来了新的速度和灵活性，大大减少了对通信资源的依赖，对时效要求性强的场景实现现场闭环管控。

5. 应用人工智能和云计算辅助决策指挥

近年来，决策科学从一个新兴学科一跃成为业内发展最快、应用最广泛的领域。随着云计算和人工智能快速发展，运用数据科学的力量由机器辅助人们做决策成为了可能。目前，人工智能辅助决策正在向行业专用算法、算法实用化方向发展，随着智能电网、数字电网的不断发展及其相关技术的不断演进，基于算力和人工智能的生产决策及指挥关键技术将在未来与设备远程监测技术、自动测算及切换路由的远程控制技术、设备智能化预警与控制技术等技术体系相结合，并利用数字仿真技术，通过对电力设备关键参数的精细化智能计算，支撑生产领域设备隐患预知、故障判断和应急指挥等关键技术取得突破，为指挥与决策提供可靠依据。

二、构建以世界一流为目标的现代化配电网

构建以新能源为主体的新型电力系统面临诸多挑战。首先，风光光伏等为代表的清洁能源发电的随机性、波动性和间歇性以及电动汽车负荷时空随机分布等特点，导致系统面临的不确定性进一步增加，电力、电量平衡压力大，电网运行控制更加复杂和多变；其次，新能源对极端天气的耐受能力脆弱，保障高比例新能源并网消纳、系统安全和可靠供电的难度更大；最后，传统电力系统中千兆瓦级的煤电机组将被数量庞大的兆瓦级风电机组甚至更低容量的光伏发电所取代，特别是配网侧电网形态发生变化，分布式特征更加明显，新型电力系统中发电设备的数量将达到千万台级，系统需要处理的数据将呈现爆炸式增长。

新问题的解决需要与之相适应的新技术应用，新型电力系统的特征必定催生新技术。为了应对新型电力系统建设带来的挑战，需要在"可观、可测、可控"的基础上进一步深化，需要以云计算、大数据、物联网、移动互联网、人工智能、区块链等新一代技术为核心驱动力，不断提高电网数字化、网络化、智能化水平，加快推动传统电力系统从刚性向灵活韧性的新型电力系统转变，需要运用数字系统理论推动运行控制体系优化、重构，需

要基于数字技术、智能技术特性提升电网的全域互联、高效感知能力。

面向新型电力系统建设，应聚焦于配电网数字化、智能化，以数据流引领和优化能量流、业务流，支撑业务创新，基于全域物联网"云—管—边—端"架构，采用"系列传感＋边缘技术＋多类型通信＋统一平台＋数据融合＋业务智能"技术路线，形成终端到系统应用的整体解决方案，打造"状态全感知、设备全连接、数据全融合、业务全智能"的全域物联网，提升新能源、柔性负荷等主体的广泛互联、全面感知。

在端侧，终端设备的功能和性能将更多由软件定义，朝着智能化处理、多功能融合的方向发展。芯片算力和集成度的快速提升以及轻量化物联网操作系统逐步成熟，解决了边端算力不足的问题，"多专业功能融合、智能分层"技术架构以及"智能化处理"边端设备成为新型电力系统的重要形态。在配网侧，实现多类型的传感终端与智能网关间的即插即用、远程维护。

在边侧，智能 AI 应用将逐步深化。结合新型电力系统"源网荷储用"的需求，未来需要大量的边缘物联网计算节点实现对各类现场智能传感器、智能业务终端进行统一接入、数据解析和实时计算的装置或组件，与物联网平台双向互联，实现跨专业数据就地集成共享、区域自治和云边协同业务处理。边缘物联网计算节点结合业务场景的差异，将逐步呈现边端分离、边端融合和边缘节点三种功能形态，具备硬件平台化、软件容器化的特点，实现软硬件解耦、架构统一通用、个性化定制应用、开放共享的终端应用生态等功能。

在管侧，多类型通信的场景将进一步丰富。负荷侧资源日益多元分散，数亿传感设备需要信息联网。电力通信网的业务需求已向大连接、低时延、高可靠、大带宽方向发展。5G 作为新一代无线通信系统的发展方向，将为智能电网建设提供重要支撑，为电力通信网"最后一公里"无线通信接入提供更优的解决方案。5G 网络以其超高带宽、超低时延、超大规模连接的特性及优势，以及网络切片、边缘计算两大核心能力，可更好地满足智能电网业务的安全性、可靠性和灵活性需求，推动电力通信网络的智能化升级发展。

在云侧，海量数据的处理能力将进一步提升。随着新型电力系统的建设，海量设备接入配电网，配网侧需要及时获得分布式电源、低压配电台区现场设备的电气量和状态量数据，对采集存在请求优先级划分、协议多样化、规模间歇性并推等问题。应增加平台请求优先级划分、规约动态扩展、动态节点管理能力，强化平台连接能力、设备管理能力与云边协同能力，平台侧应延伸分布式光伏、新能源站点、风能、新型储能、智能充电桩等新型应用。应基于统一电网数据模型，以地图为入口，承载全类型电网设备图形、拓扑、台账的编辑、分析和管理，实现地理、物理、管理数据融合，以灵活开放、全面兼容的方式支撑新型电力系统相关业务应用。

智能技术结合电力业务场景将激发出更大价值。基于云边协同的智能电网技术架构，以虚拟电厂、微网等为聚合载体，基于人工智能的多能互补、自治优化的分布式控制、边缘集群计算、主配一体协同控制技术，实现云边协同、泛在接入、灵活定制和就地决策，满足不同类型电源、微网的海量接入和大规模协同优化，支撑现代化配电网建设。

附　录

附录 A　智能配电关键技术 / 设备一览表

序号	关键技术 / 设备	技术类型	关键技术分析	应用场景
1	智能装备	终端	一二次融合开关设备 户外智能真空断路器 智能塑壳断路器 智能变压器 智能穿戴	电缆线路场景 架空线路场景 智能配电房 / 开关站场景 智能台架场景
2	智能电表	终端	提高计量精度 双向计量技术 远程抄表技术 双向通信技术 防窃电技术	表计用户侧场景
3	线路状态监测技术	在线监测	架空线故障定位 电缆实时监测	架空线路场景
4	电气监测技术	在线监测	保护测控 低压无功自动补偿 三相不平衡 电能质量自动优化	智能配电房 / 开关站场景 智能台架场景
5	设备监测技术	在线监测	中压开关柜局放传感器、暂态地电波传感器 中压电缆头测温传感器 变压器红外热成像监测装置 干式变压器状态量传感器 油浸变压器状态量传感器 光纤测温技术	电缆线路场景 架空线路场景 智能配电房 / 开关站场景 智能台架场景
6	环境安防监测技术	在线监测	环境信息监测 视频安防监测 三维智慧站房	智能配电房 / 开关站场景 智能台架场景
7	配电智能网关	终端	异构终端接入 边缘计算 容器技术 通信接口 即插即用 后备电源	电缆线路场景 架空线路场景 智能配电房 / 开关站场景 智能台架场景 表计用户侧场景 配网智能调度场景
8	通信技术	通信	电力光纤通信 无线公网技术 电力无线专网技术 载波通信	电缆线路场景 架空线路场景 智能配电房 / 开关站场景 智能台架场景 表计用户侧场景 配网智能调度场景

续表

序号	关键技术 / 设备	技术类型	关键技术分析	应用场景
9	配电网数字孪生技术	系统及应用	物理世界感知 通信网络 数据智能服务 应用系统	电缆线路场景 架空线路场景 智能配电房 / 开关站场景 智能台架场景 表计用户侧场景
10	数据融合与人工智能技术	系统及应用	数据融合 人工智能 知识图谱	电缆线路场景 架空线路场景 智能配电房 / 开关站场景 智能台架场景 配网智能调度场景

附录 B　智能配电示范区建设任务举措及工作内容

区域	示范区	任务举措	工作内容
广东	广州琶洲人工智能与数字经济示范工程	自动化及通信建设	完成人工智能与数字经济示范区（琶洲总部商务区、大学城）共计 120 回馈线、205 个公用站房"三遥"覆盖率达 100%。建设具备配网故障网格化拓扑和分布并行处理的主站集中型配网自愈功能，完成配网自愈覆盖率达 100%，实现区域内馈线 1 分钟内自动完成非故障区域恢复供电，做到高效自愈。 实现人工智能与数字经济示范区（琶洲总部商务区、大学城）公用电房光纤全覆盖
		智能配电房建设	完成人工智能与数字经济示范区（琶洲总部商务区、大学城）公用电房智能配电房覆盖率 100%，实现配电房设备状态、环境、安防实时监控；完善基于监控数据的设备状态自动评价、远程巡视和状态巡视、点图成票和作业安防识别等系统功能，进一步释放人力资源
		智能台区建设	完成人工智能与数字经济示范区（琶洲总部商务区、大学城）公变智能台区（含营配 2.0 台区）覆盖率 100%；完成 HPLC/ 双模通信方式全覆盖和示范区内新一代智能总表和智能电表全覆盖。实现低压分路负荷监测和三相不平衡及低电压等告警、低压停电主动抢修、低压精准调荷等功能，支撑低压自动化、营配业务协同管理，具备现货交易、新能源双向计量、用户侧能效管控等相关功能的支撑能力
		智能管廊建设	试点应用基于分布式传感器方案及光纤方案的智能管廊，开发相关展示平台及业务界面，实现管廊内环境温度、水浸监测及管廊外振动情况监测；实现管廊内电缆本体温度及振动情况监测，配置智能防盗井盖。总结智能管廊技术、建设、验收标准，完善智能管廊系统功能开发，形成管廊 GIS 管理、告警闭环处理等工作机制
		智能调度建设	通过主配网 OCS、OMS、PMS 和配用电等系统全面贯通，实现配网倒闸全过程一键操作，应用于合环转电、自愈、重合闸投退等操作的典型场景，2022 年具备条件的计划类操作的程序化操作覆盖率达 100%。在示范区开展"运行－冷备用"的一键顺控试点
	广州琶洲人工智能与数字经济示范工程	智能调度建设	研究就地型和主站集中型低压自愈技术，在示范区内大学城片区选择至少 2 个相互联络的智能台区开展低压自愈试点，在试点区域实现分钟级的低压台区或分支线恢复供电，做到自愈有效覆盖率 100% 依托广东省重点研发项目"面向大规模异构系统的综合管理平台及其应用示范"，结合云平台、物联网、人工智能等先进技术，在广州大学城建设适用于大规模异构能源系统的综合管理平台和示范工程，实现区域级、用户级能源系统监控和管理
		智能单兵装备配置	逐步配备局放及红外等智能单兵装置，辅助班组开展设备巡检工作，通过智能运检平台对接智能单兵装置，结合设备评价模型智能得出设备运行状态评价，实现精准运维。逐步满足班组无人机配置，开展非禁飞区航线点云采集，辅助班组开展架空巡维及防外破等工作，研究深化自主巡航及图像识别功能，通过数字化手段提升运维效率

区域	示范区	任务举措	工作内容
广东	广州琶洲人工智能与数字经济示范工程	推进智能运维体系建设	构建生产指挥驾驶舱，融合各专业、各层级电网资源各类信息，打通规划、建设、生产、调度、营销等业务数据，通过数据驱动，实现电网、设备、环境、作业全业务链条态势感知，构建全景"一张图"，实现输配电变压器各环节"协同、穿透、实时、共享、透明"，实现分级管控、智能指挥，全面支撑配网各业务场景和运营管控需求，根据试点成效逐步实现与网级平台的融合
			构建配网智能运维标准体系，形成设备技术标准、智能化作业标准、闭环管控机制
			试点打造数字运营指挥中心＋现代供电服务组的管理模式，实现生产6大业务类型数字化转型，强化营配末端融合，形成业务纵向贯穿、横向协同的端对端的管控体系，通过强化数据分析和服务能力建设，提升规划决策的精准性、电网运营效率；同时深度挖掘分析客户数据，向综合能源服务商转型
	广州南沙明珠湾智能配电网示范工程	南方电网公司"5G＋智能电网"建设任务	广州局按照南方电网公司对"5G＋智能电网"建设"统一部署、统筹安排、试点先行、有序推进"的工作原则，严格执行《国家级、省部级、公司级各类5G项目实施计划管控表》，打造广州南沙基于5G技术端到端数字电网业务应用示范区，完成配电自动化、配网PMU、智能配电变压器台区、智能电房、智能管廊业务场景的5G示范应用验证
		配网自动化建设	完成明珠湾起步区灵山岛尖区域横沥F1明珠线等4条馈线明珠湾安置1号综合房等30间公用站房及新增公用站房三遥站房覆盖率100%、配网自愈覆盖率100%；建设具备配网故障网格化拓扑和分布并行处理的主站集中型配网自愈功能，完成配网自愈覆盖率达100%，实现区域内馈线1分钟内自动完成非故障区域恢复供电，做到高效自愈。完成明珠湾起步区灵山岛尖区域5G场景应用建设
		智能配电房建设	按照《标准设计V3.0》中的高中级配置标准实现明珠湾起步区灵山岛尖区域横沥F1明珠线等4条馈线明珠湾安置1号综合房等30间配电房及新增公用配电房智能电房覆盖率100%。实现配电房设备状态、环境、安防实时监控；完善基于监控数据的设备状态自动评价、远程巡视和状态巡视、点图成票和作业安防识别等系统功能，进一步释放人力资源
		智能台区建设	实现明珠湾起步区灵山岛尖区域横沥F1明珠线等4条馈线10台公变台区及新增公变台区智能台区覆盖率100%，完成明珠湾起步区灵山岛尖区域10个台区的HPLC/双模和11053户新一代量测体系建设项目立项实施。实现低压分路负荷监测和三相不平衡及低电压等告警、低压停电主动抢修、低压精准调荷等功能，支撑低压自动化、营配业务协同管理，具备现货交易、新能源双向计量、用户侧能效管控等相关功能的支撑能力
			实现明珠湾起步区灵山岛尖区域横沥F1明珠线等4条馈线10台公变台区及新增公变台区智能台区覆盖率100%，完成明珠湾起步区灵山岛尖区域10个台区的HPLC/双模和11053户新一代量测体系建设项目立项实施。实现低压分路负荷监测和三相不平衡及低电压等告警、低压停电主动抢修、低压精准调荷等功能，支撑低压自动化、营配业务协同管理，具备现货交易、新能源双向计量、用户侧能效管控等相关功能的支撑能力

区域	示范区	任务举措	工作内容
广东	广州南沙明珠湾智能配电网示范工程	智能单兵装备配置	配备局放及红外等智能单兵装置，辅助班组开展设备巡检工作，通过智能运检平台对接智能单兵装置，结合设备评价模型智能得出设备运行状态评价，实现精准运维。逐步满足班组无人机配置，开展非禁飞区航线点云采集，辅助班组开展架空巡维及防外破等工作，研究深化自主巡航及图像识别功能，通过数字化手段提升运维效率
		智慧调度建设	通过主配网 OCS、OMS、PMS 和配用电等系统全面贯通，实现配网倒闸全过程一键操作，应用于合环转电、自愈、重合闸投退等操作的典型场景，2022 年具备条件的计划类操作的程序化操作覆盖率达 100%
		不停电作业无感接入建设	持续推进灵山岛尖区域双环网网架模式，全面应用中低压转供电或不停电作业手段，强化发电车不停电接入，实现明珠湾起步区灵山岛尖区域全域中低压计划停电实现用户零停电感知
		配网新型保护控制模式建设	依托国家重点研发计划"配电网广域测量控制技术研究与应用"，在南沙明珠湾区内 5 条馈线建设配网 PMU，重点示范状态估计、故障诊断及精确定位、快速协调控制技术
			依托国家重点研发计划"面向多业务协同的数字电网边缘计算控制装置研发及应用"，在明珠湾区至少 1 组馈线开展基于高安全高可靠 5G 通信的配电网差动保护试点
	佛山南海金融高新区智能配电示范工程	自愈及通信建设	打造多模式配网故障自愈示范区，实现智能分布式自愈与主站就地协同型自愈灵活优化搭配新模式，南海金融高新区内 44 回 10kV 线路全部实现故障自愈功能。其中 8 条馈线运用智能分布式网络保护技术实现故障隔离和转供"秒级"响应，其余 36 回馈线实现电流时间级差型与主站协同型自愈，3 分钟内完成故障自动隔离和负荷转供
		智能配电房建设	打造世界一流智能配电站标杆，实现智能配电房全覆盖。推广以 l38 为代表的 24 座智能配电站房的建设经验，按照《标准设计 V3.0》中的高级配置要求，完成 10kV 夏北村民委员会夏逸花园 W133 公用配电站、保利花园 10 号 V012 公用配电站、10kV 保利花园 13 号 V014 公用配电站、10kV 中海万锦东苑 6 号 L81 公用配电站等 153 间公用配电房等全部 153 座存量电房智能化改造，打造智能电房全覆盖示范区，实现智慧运维，免巡视、免运维，设备状态透明化，实时监测设备健康状态和运行环境，对危及设备安全运行的异常状态可及时报警，将自动化建设向低压配电网延伸，监控低压分支回路的负荷、电能质量和故障信息，实现设备状况一目了然
	东莞松山湖智能配电示范区		按照《标准设计 V3.0》中的高级配置要求，东莞把松山湖智能配电房改造项目共 51 个公用配电房改造为智能配电房。其中，松山湖园梦置业智能电房改造工程（圆梦雅居 1 号配电房）、松山湖长城世家智能电房改造工程（长城世家 #2、2 期配电站）原有低压出线开关更换为低压智能塑壳断路器，加装低压智能换相断路器，实现低压可视化功能

区域	示范区	任务举措	工作内容
广东	东莞松山湖智慧能源示范区	加快电网数字化转型，强化数字电网载体作用建设	物理层：2022 年完成新一代智能电表推广应用、东莞局松山湖智能巡维（二期）变电站智能化改造项目，2023 年完成东莞局松山湖智能巡维（三期）变电站智能化改造项目。 平台层：2022 年完成变电站物联通信网综合管控平台开发，2023 年完成通信网络管理平台建设项目、数据资产集成（基于元网格的多维融合空间数据集成）开发。 智能规划：2021 年完成优化南网规划系统二期流程及应用，实现日常及年度配网规划工作线上开展。 智能运维：2021 年建成"输变配用"智能运维示范链，完成配网智能运维专业团队组建 2022 年完成松山湖智慧巡维中心挂牌
		优化能源供给结构，提升清洁能源占比建设	燃气调峰电厂：松山湖分布式能源项目，项目规模 2×50MW（国产化首台套试点），计划 2024 年并网。大朗分布式能源项目，项目规模 2×75MW，2020 年核准，计划 2023 年中期动工。大朗 9F 级燃机发电项目，项目规模 2×460MW，计划作为松山湖片区核心电源支撑于十四五中后期实施。 分布式光伏：配合政府推进整县（市）户用和屋顶分布式光伏开发。 "双碳"研究：产学研一体合作组建研究团队，系统分析松山湖碳排放现状，探索研究"碳达峰、碳中和"实施路径、时间表、路线图，形成政策建议，为出台相关政策、优化能源发展提供参考
		建设高效灵活电网，提升资源配置能力建设	网架完善：500kV 生态输变电工程、220kV 东富输变电工程、220kV 鲁园输变电工程、110kV 锦绣输变电工程、110kV 北区输变电工程、110kV 东园输变电工程、110kV 花园输变电工程、110kV 椅洋输变电工程、110kV 金菊输变电工程、110kV 桃园输变电工程、110kV 新尾输变电工程、110kV 湖边输变电工程、110kV 屏山输变电工程、110kV 学院输变电工程。 存量站增容：220kV 茶寮站扩建第三台主变工程。 柔性配网：2022 年前完成多站合一直流微网、中压柔性互联、直流楼宇改造示范项目。 高电能质量：2023 年完成配电 10kV 线路电能质量监测、配电公共台区电能质量监测及治理、电能质量管理模块加装项目，建成重点区域"四级监测、三级治理"高电能质量示范。 供电可靠性：智能分布式自动化全覆盖，"核心区"客户年平均停电时间 2022 年降至 3 分钟以内，2025 年降至 1.5min 以内
		推动能源消费变革，提升能源利用效率建设	充电桩："十四五"期间存量充电设备利用率整体提升 20% 以上，园区公交车中电动车比率保持在 100%，松山湖供电服务中心公务及生产用车电动车比率逐步提高至 100%（应急发电等特种车辆除外），新建居住区停车位按 100% 建设充换电设施或预留充换电设施安装接口。 车网互动：2024 年完成基于东莞局松山湖能源互联共享平台开发电网侧车网协同接口和车网协同云服务应用开发。依托松山湖商住小区或工业园区，开展支撑 VGI 规模商用的城市居民区 ETTP（电力到车位）"微缩模型试点"工程、华为溪流背坡村充电站示范工程。 专项研究：2022 年完成东莞市充换电基础设施规划和 VGI 发展规划研究，制定车网协同生态建设的技术路线、实施路径

续表

区域	示范区	任务举措	工作内容
广东	珠海横琴智能配电示范工程	智能配电房建设	按照《标准设计 V3.0》高级配置，进一步开展数字化建设试点，实现 2 个开关站和 1 个配电房的改造，数字化建设覆盖率将达到 5.3%
		自愈建设	2020 年，横琴完成新增 6 组双链环改造建设和次干层 27 组的网架完善并进行了自动化升级改造，自愈线路覆盖率达到 97.83%，横琴客户平均停电时间（中压）为 0.118h，平均故障停电时间 0.115h，客户平均停电时间（低压）为 0.033h，平均故障停电时间 0.026h，2021 年 6 月底前将实现主干层自愈全覆盖
	汕头南澳智能配电示范工程	智能配电房建设	按照《标准设计 V3.0》中的高级配置要求，对南澳岛 8 个配电房应用智能配电升级改造工作
		智能台区建设	按照《标准设计 V3.0》中的高级配置要求，对南澳岛 7 个台区应用智能配电升级改造工作
	云浮新兴数字配网应用示范工程	配网通信建设	在 35kV 集成站至 10kV 龙泉线 29# 架段一条导线更换为 OPPC 光缆复合导线，在六祖站龙山线鹤门公用台区、六祖站龙山线塔脚村广场公用台区分别加装 TTU 通信终端，在六祖站龙山线明镜广场（应急发电车）、六祖站龙山线建兴开关站加装 WAPI 设备
		智能配电装置改造	按照网公司"四类项目"、"全国最好 2021"重点项目的高级配置标准，将六祖站龙山线建兴开关站改造为智能配电房（新能源监控＋多通信方式）；将六祖站龙山线塔脚村广场公用箱变内改造为智能箱变；将六祖塔脚村景区会馆家居改造为智慧家居；将六祖塔脚村景区路灯改造为智能路灯；六祖供电所应急发电车改造为智能发电车；将明镜广场充电桩改造为智能充电桩（新能源监控）
		智能台区建设	更换低压台区电表宽带载波模块共 499 个，更换九个智能型塑壳出线开关，加装载波邮箱终端 25 套、载波路灯开关 20 个、配电智能网关 3 套、环境传感器 54 套
	揭阳揭西现代化农村电网示范县	完善网架结构，以电网侧适应性改造推动新型电力系统建设	1. 结合 2022 年投资计划年中调整、2023 年投资计划要求，优先安排投资储备库中可提升配电自动化指标的项目出库，加快项目落地实施、按时投产。 2. 结合现状网架，针对现状不可转供线路问题，制定解决措施，提高线路可转供电率；推进全局一张网网架规划工作，打破地域限制，做好跨所、跨站网架规划，实现配网线路可转供互联规划，提高线路站间联络率。2023 年可转供电率提升到 90%。 3. 推进智能配网自愈智能化推广应用，对满足条件的馈线及时申请投入自愈功能，确保按照揭西现代化农村电网示范县指标目标完成各年度建设任务。2023 年自愈覆盖率提升到 80%

续表

区域	示范区	任务举措	工作内容
广东	揭阳揭西现代化农村电网示范县	加快智能配电台区建设改造，提升供电能力	1. 按照智能配电台区比例 2022 年达到 50%、2023 达到 70% 的目标，做好 2022 年、2023 年投资计划项目立项，并加快项目建设，按时完成投产任务。 2. 落实配电变压器重过载（重点针对节日性重过载问题）、低电压的常态化跟踪及解决机制，结合试点智能台区的应用成果，提升重过载、低电压监测系统的应用水平，及时发现问题并落实解决措施，从而实现动态清零。 3. 至 2023 年，揭西局高压配电网主要以变电站扩建工程和电源项目配套工程为主，并首次规划以台架变形式建设 35kV 良田变电站，为接管区域用电提供保障
	云浮新兴太平综合能源示范区	完善中压网架，建设智能配电网	结合太平镇内新增负荷、新增电源的分布，重点提升农村分布式能源消纳能力。不断优化镇内中压网架结构，实现镇内馈线自动化有效覆盖，提升太平镇供电可靠性。持续深化"源网荷储"中压小水电微电网组网技术在可再生能源消纳、运维、控制策略等方面的应用提升
		开展太平综合能源专题规划，深入研究多能协同互补的可再生能源接入组网模式建设	开展云浮新兴太平综合能源专题规划，研究适配农村地区风、光、水等能源接入的中低压网架组网技术，兼顾满足用电需求与多能协同互补的分布式能源接入，对农村新能源项目做到"应并尽并"
		推动分布式试点，提高镇内清洁能源利用率建设	推动象窝山旅游景区小风机建设、光伏帮扶项目建设，同时利用镇内屋顶、开关站等空间开发光伏、风能，促进镇内清洁能源开发的多元化，推动农村新能源开发利用，可再生能源消纳率不低于 95%，最终使太平镇在快速发展的同时降低碳排放，助力太平镇绿色发展
	茂名新安镇新型城镇化示范区	配电自动化建设	中压：2023 年前，实现 10kV 配电自动化有效覆盖率达到 100%，完成 2.45km 10kV 残旧线路改造。 低压：2023 年前，新装智能配电板 15 块，更换智能配电板 60 块，新装智能配电箱 21 台，更换智能配电箱 69 台，实现智能配变覆盖率达到 65%
		智能台区建设	2023 年前，新增台区 14 个，增容配电变压器 24 台，改造台区 44 个，解决现状 58 个台区存在的低电压问题，加快智能台区建设，实现用户端电压监测全覆盖，及时解决新增低电压问题
		提高新能源消纳能力、全面服务新型电力系统建设	中压：2023 年前，新增 10kV 新出线 2 回，新建改造 17.657km 10kV 线路，提升新能源 10kV 消纳能力。 低压： 1. 2023 年前，新增配电变压器布点 7 个，增容配电变压器 6 个，满足居民屋顶分布式光伏消纳需求。 2. 完善重点乡村振兴区域充电设施建设，试点建设 V2G 充电桩，在新塘村建设 1 座光、储、充一体的 V2G 充电站。 3. 试点绿色电源，开展微电网规划，配套分布式光伏建设分布式储能，试点建设光、储微电网。 4. 试点建设低压联络开关箱。低压联络开关箱由多功能电能表、载波模块、熔断器式隔离开关、塑壳断路器（支持正反向供电）和测量 CT 组成。实现邻近台区临时转供电功能，实现低压合环转供电，提升农村电网的供电可靠性

区域	示范区	任务举措	工作内容
广东	茂名新安镇新型城镇化示范区	提升新电气化水平建设	推进电动汽车充电设施建设，至 2023 年，建设电动汽车充电站累积不少于 5 座，建设充电桩累积不少于 16 根
广西	东兰 – 农村数字化转型示范区、智能配电示范区	研发应用配电智能传感器、推广应用配电智能网关	依托于配电网智能台区技术研究与装置研发科技项目，开展智能配电变压器终端等装置研发、低压拓扑自动识别等关键技术研究，基于物联网技术和公司统一物联网平台开展配电智能运维功能建设
		配电自动化建设及实用化	按照"建一回成一回"的原则，加快推进配电自动化有效覆盖，加强专业管理，加强配电自动化交接验收、投运质量管理，确保设备零缺陷投运，推进配网自愈功能建设，加快配电自动化实用化进程
		推进智能配电建设改造	按照智能配电 V3.0，推进智能配电房与智能台区建设，提升示范区配电设备及其运行环境的感知能力
		开展智能配电应用场景建设	梳理配电领域典型场景，实现对现场监测终端数据的统一采集和管理
		推行配电智能运维	全面推广使用无人机巡视，应用无人机"三维建模 + 自主巡航"飞巡技术，提升巡视及维护效率。完成 10kV 坡豪线等 10 条线路的无人机机巢建设（每条线路配置 3 套，共计完成 30 套）。自主巡航完成 698 公里巡视，人工无人机完成 1380km 巡视
		强化快速故障处理	开展融合配电网态势感知的故障精确定位项目建设，采用"配网 PMU+ 配网传统装置"新一代配网智能终端的自适应相量测量方法，基于配网广域态势感知传感及终端的故障精确定位技术
	梧州 – 城区智能配电示范区	配电自动化建设及实用化	按照"建一回成一回"的原则，加快推进配电自动化有效覆盖，加强专业管理，加强配电自动化交接验收、投运质量管理，确保设备零缺陷投运，推进配网自愈功能建设，加快配电自动化实用化进程
		推进智能配电建设改造	按照智能配电 V3.0，推进智能配电房与智能台区建设，有序推进存量台区智能化改造，增量台区严格执行智能配电 V3.0，提升示范区配电设备及其运行环境的感知能力
	梧州 – 城区智能配电示范区	推行配电智能运维	基于物联网平台，实现配网智能设备、传感器、网关设备、自动化终端的接入管理、远程运维升级等工作
			按"能飞必飞"的原则，全面推广使用无人机巡视，应用无人机"三维建模 + 自主巡航"飞巡技术，提升巡视及维护效率
	桂林绿色低碳现代化电网示范区	打造漓江流域核心景区现代化智能配电网	桂林漓江风景名胜区核心景区供电可靠性整体提升达到 99.99%，桂林市兴坪古镇供电可靠率达到 99.999%，智能台区 100% 全覆盖。智能配电房实现全监控，配电网实现可观可测，数字供电所基本建成

区域	示范区	任务举措	工作内容
广西	桂林绿色低碳现代化电网示范区	优化完善配网，提高防冰抗冰综合能力	架空中压线路配电自动化有效覆盖率 100%。桂林中心城市中压配电网联络率和可转供电率均达到 100%，城镇中压配电网联络率和可转供电率分别达到 91.37% 和 78.36%，乡村中压配电网联络率和可转供电率达到 85.54% 和 70.52%
		构建绿色低碳用能示范	推进漓江流域游船油改电和电动汽车充电网络等电能替代项目的建设。在桂林民宿推动太阳能辅助热泵系统改造，实现建筑节能降碳。完成桂林兴坪大河背景区"绿电岛"供电示范区绿色度评级及绿电认证，为客户提供用电增值服务和"电碳交易"服务，打造"零碳"旅游生态圈
		实现新能源的集中优化协调控制	在桂林地调建设具有"弹性伸缩、多维接入、高效计算、云边协同、智能交互与辅助"等特征的地级边缘集群，对新能源信息接入、监视和控制。全面支撑电网安全运行、新能源高效消纳和电力市场化运作，实现新能源可观、可测、可控
	梧州藤县现代化农村电网示范县	夯实物理网架基础，促进能源供消清洁化	促进清洁友好的发电，提升新能源消纳。加快 110kV 及以上主网架优化，提升电网承载能力。加强农村配电网建设，服务乡村振兴战略。提升配电自动化覆盖率及实用化水平。稳步推进智能配电房、智能台区建设
		有序推进新能源接入并网和打造光伏示范	有序跟进西江机场光伏、陆贝风电、大黎风电和新庆光伏等新能源建设；完成 30MW 屋顶光伏并网发电，其中藤县新舵陶瓷 20.5MW BIPV 光伏建筑一体化项目已完成并网，成为广西目前最大的光伏建筑一体化示范项目；陶瓷交易中心为客流交织的窗口区位，其"光储直柔综合能源利用项目"，由南网能源公司与数研院合作，计划 2022 年底建成，可作为广西地区的公共建筑 0 碳示范
		推进"源—网—荷—储"一体化示范展示	以藤县陶瓷产业园区所在的塘步供电所管辖的区域为界，源，即完成陶瓷园区及周边的屋顶分布式光伏；网，即将塘步供所的 13 条 10kV 公用线路全部完成配网自动化改造并实现自愈；荷，即完成塘步供所全部存量台区的智能化改造，所辖负荷电表完成新一代智能电表改造；储，即在陶瓷园区完成储能示范及应用
云南	玉溪红塔智能配电、数字配电示范区	加强配电网自动化建设	以"主干投逻辑、支线投保护"为原则构建示范点配电自动化建设，一是加强硬件建设投入，2021 年完成试点的配电自动化开关有效覆盖率 100%。二是加强自愈试点建设，2021 年完成红塔区 20 条线路试点自愈建设。三是试点区域配电自动化应与配电网一次系统同步规划，同步建设，新建馈线应按规划原则中的目标模式及设备选型进行建设，已有馈线综合考虑故障率、运维量等因素，区分轻重缓急，按照该目标模式及设备选型逐步开展一二次设备改造
		推进智能配电建设改造	推进智能配电站、智能开关站、台架变智能台区建设。因地制宜选取配置方案，结合地区的运维要求，依据供电区域等级、供电负荷重要程度等因素对智能配电站、智能开关站、台架变智能台区进行差异化配置，进一步提升配电网设备在线状态检测水平，提高农村电网运维巡检智能化水平，实现配网状态可视化和信息互动化

续表

区域	示范区	任务举措	工作内容
云南	玉溪红塔智能配电、数字配电示范区	推进低压智能台区建设	推进智能配电站、智能开关站、智能台区建设。因地制宜选取配置方案，结合地区的运维要求，依据供电区域等级、供电负荷重要程度等因素对智能配电站、智能开关、智能台区进行差异化配置，在试点区域新建6台智能配电房，进一步提升配电网设备在线状态检测水平，提高农村电网运维巡检智能化水平，实现配网状态可视化和信息互动化
		宽带载波通信模块更换	提升智能电表、集中器等计量装置的数据采集及智能处理能力，优化完善计量装置技术规范，进一步推动计量装置与配电智能网关的融合，加强计量数据与配网数据的融合应用，为精准客户服务和生产业务提供有力支撑。2021年将对示范区内的智能电表开展载波通信模块进行改造，年底完成所有智能电表宽带载波模块更换
		大力推广无人机自动巡检技术	大力推广无人机自动巡检技术。制定推广方案，印发《配网多旋翼无人机自动巡检推广应用工作方案》，明确配网无人机自动巡检工作目标、技术路线、无人机配置建议和工作内容，逐年有序推广 2021年在试点班组完成三维激光建模、倾斜摄影、BIM做建模，建立"巡检分离、机巡为主、人巡为辅"的配电线路巡检新模式
		带电机器人应用	试点带电机器人的推广应用，持续推进不停电作业
		电缆局放系统应用	在试点区域开展电缆局放在线监测试点建设
		强化快速故障处理	推广应用配电网多场景接地故障识别功能以及精确故障测距、故障选线功能，完成示范区内所有线路小电流接地选线建设工作
		完善JP柜及配电终端全覆盖工作	在示范区内对现有配电变压器终端及JP柜配置情况开展排查，通过项目实施在2021年年底完成所有台区JP柜加装及配电变压器终端全覆盖工作，实现配电变压器侧信息全感知
	迪庆维西智能配电、数字配电示范区	加强配电网自动化建设	以"主干投逻辑、支线投保护"为原则构建示范点配电自动化建设加强硬件建设投入，2021年完成试点的配电自动化开关有效盖率100%
云南	迪庆维西智能配电、数字配电示范区	智能配电房建设	因地制宜选取配置方案，结合地区的运维要求，依据供电区域等级、供电负荷重要程度等因素对智能配电站、智能开关站、台架变智能台区进行差异化配置
		深化HPLC载波模块的应用	深化HPLC载波模块的应用，实现对低压户表的实时监测，改善低压用户的用电体验
贵州	乌当智能配电示范区建设	配电自动化建设及实用化	促进5G+智能开关融合，结合目前5G通信网络低时延、超大带宽、超大容量的特点，应用5G通信技术实现配电自动化智能分布式功能

续表

区域	示范区	任务举措	工作内容
贵州	乌当智能配电示范区建设	无人机配网智能作业平台建设及无人机自动巡视	通过多旋翼无人机采集乌当配电网 10kV 可巡线路，完成并完成三维建模及航线规划实现无人机全自动、智能化线路巡检作业
		配网智能装备建设	实施 10kV 北镇线、10kV 叶春线、10kV 叶保 I 回线、10kV 茶保 I 回线、10kV 茶保 II 回线、10kV 叶保 III 回线、10kV 北柳线、10kV 北赤线智能开关/开关箱改造。进一步提升配电网设备在线状态检测水平，提高城镇电网运维巡检智能化水平，实现配网状态可视化和信息互动化
			实施 10kV 石场线、10kV 红罗线、10kV 石百线、10kV 红羊线、10kV 下枧线智能台区建设。进一步提升配电网设备在线状态检测水平，提高农村电网运维巡检智能化水平，实现配网状态可视化和信息互动化
		完成功能性缺陷电能表更换及开展新一代智能电表试点应用	开展新一代智能电表试点应用。实现低压拓扑识别、三相不平衡、停电告警、分支线损、重过载、低电压监测、低压可靠性统计、远程停复电等功能
		开展智能配电应用场景建设	建设"热力一张图"，监控 10kV 馈线负载率、变压器重过载、轻载、台区电压质量，自动分析供电裕度并预警。建设"运行一张图"，获取检修计划、故障抢修、操作票、工作票、缺陷、中低压设备状态等实时运行数据，实时监控配网运行状态。建设"应急一张图"，自动定位故障，实时监控抢修进度并自动推送抢修信息
		现场作业风险评估及管控系统试点应用	开展现场作业风险评估及管控系统试点应用，并开展基于人工智能的现场作业风险防控方法与技术研究，提升现场作业风险智能管控水平。基于"RFID"身份识别技术，利用该系统实现安全工器具出入库、配置、周期试验等数据的自动化管理
	遵义汇川区智能配电示范区	完善网架结构	2022~2025 年汇川区新出线路 61 回，新建及改造开关柜 244 面，柱上开关 53 台，自动化开关 297 个
		提升装备数字化水平	逐步实现智能台区改造全覆盖，推广配网终端远程智能运维，探索 5G 在配电网的应用。2023 年智能配电台区覆盖率达到 10%，2025 年智能配电台区覆盖率达到 100%
		特色城市智能电网配套建设	在董公寺街道片区开展全公用配电变压器智能配电改造，全面推进智能配电 V3.0 发展，提升供电可靠性
	安顺市平坝区智能配电示范区	完善网级结构	新建 10kV 黄湖 I 线等 5 条中压线路，提升中压网架互倒互供能力

续表

区域	示范区	任务举措	工作内容
贵州	安顺市平坝区智能配电示范区	提升装备及数字化水平	开展开关设备自动化改造工作，2023 年配电自动化有效覆盖率达100%
		提高新能源消纳能力	立足工业园区人员、环境优势，将充电站建设、屋顶光伏并网纳入规划统一设计，因地制宜建设充放储电站，提高新能源消纳能力
	兴义市城区智能配电示范区	打造兴义文化艺术中心	兴义市 110kV 丰都变电站 10kV 丰琴 I 回线新建工程等 4 个新型城镇化电缆工程为文化艺术中心核心区域两院三馆（文化大剧院、文化艺术学院、科技馆、博物馆、图书馆）提供高品质供电
		提高新能源消纳能力	重点打造的兴义市文化中心核心区两院三馆配套电网项目，融合智能配电、新技术、新材料，以及充电设施、新能源、微电网等元素，打造区域智能电网 + 分布式光伏 + 电动汽车的"亮点"示范项目
	平塘县克度镇新型城镇示范区	完善网架结构	开展 110kV 天文变电站及 35kV、10kV 配套送出工程建设。2022 年开展施工设计、启动工程建设，2023 年基本建成目标网架，实现区域内中压馈线组自愈功能
		按《标准设计 V3.0》，规模化提升低压台区智能化水平	升级 67 个台区，智能台区占比达 60% 以上
		推进新材料、新设备进行试点应用	开展配网 OPGW 试点应用工作，计划新建配网 OPGW40 km
	安顺紫云县智能配电示范区	完善网架结构	新建 110kV 红岩变电站新出线 6 回、35kV 四大寨变新出线 3 回。新建 14 个联络线新建改造工程，解决 13 条单辐射线路，完善中压网架
		提升装备及数字化水平	改造 180 台自动化开关、检修技改新增 40 台开关，完成 508 个智能台区改造
		特色乡村振兴配套建设	建设透明电网示范区，对板当镇新塘村、洛麦村、小寨关村进行智能台区建设
	贵阳南明区核心圈智能配电示范区	"数字电网边缘计侧智能监测与协调控制"示范建设工作	在南明区纪念塔周边区域的 10kV 富九线等 6 条线路上 28 台户外开关箱中完成 28 台边缘计算控制装置示范应用
		配网自动化建设	实现南明区核心城区 6 回线路配电自动化开关遥控操作率达 100%
		智能台架变建设	完成贵阳九中变电站等 16 个低压台架变进行智能化改造
		高可靠性供电运维	推广配电线路在线监测技术和开闭所状态感知系统建设，加大线路新材料、新技术应用，提高配电智能运维水平

续表

区域	示范区	任务举措	工作内容
贵州	湄潭智能配电示范区建设	加强配电自动化建设及实用化	一是盘活存量自动化开关，实现存量终端全部接入主站；完成中压目标网架完善项目；二是完成 12 条线路自愈功能投用（2 条就地自愈，10 条主站＋就地自愈）全部投用完善开关动作报警系统，建立"开关－集约化系统－短信平台"三位一体的故障响应机制；联动通讯公司结合电网需求建设 5G 基站；三是选取 5 条线路共 11 台自动化开关，试点应用配网定值整定计算系统，完善主站远程定值维护功能；四是配电自动化控制策略验证平台建设，已完成主站系统软件安装，2021 年 3 月完成主站系统数据库、图形、参数的部署和设置；2021 年 4 月完成平台设备联调，完成实际传动试验，开通湄潭供电局至遵义供电局的远程维护通道，完成远程策略下装及远程传动试验
		推进配网智能装备建设	一是在 10kV 东新线等 7 条线路新建改造 10 个智能台区；二是在 20 个电缆沟井试点应用温度、水浸、位移、接地环流和气体传感器，通过智能网关，收集传感器数据，并将数据传送至物联平台；五是在 10kV 石太线等线路试点应用 5 个带北斗通信终端，实现配电无线通信的无死角覆盖，对公网信号差的贵州偏远山区形成可推广的配电自动化通信解决方案
		开展无人机自主巡航及配网缺陷智能识别	一是完成兴隆供电所 11 条 10kV 线路三维建模，结合精益化排查，试点应用无人机自主航行技术；2022 年完成全县 10kV 线路三维建模，实现湄潭 10kV 架空线路机巡自动驾驶全覆盖。二是试点配网智能缺陷图像识别技术，重点开展新类别配网 20 类缺陷图像"喂养"工作，以人工智能提升配网缺陷图像识别水平
海南	大英山片区智能配电示范区建设	做好示范区配电线路的智能装备需求梳理，完善配电线路智能装备配置，提升配电线路运行状态全感知能力	参照《标准设计 V3.0》《海南电网有限责任公司电网项目智能化功能配置指导意见（2021 年版）》标准，按"站、线、变、低压分支、户"全覆盖的原则，完善 10kV 国兴开闭所、10kV 洋兴线、10kV 海兴线的智能终端配置，提升示范区配电设备及其运行环境的感知能力。全面推广使用无人机开展架空配网线路巡检，构建配电立体巡检体系，大力推进配网无人机自动巡检及数据融合，提升巡视及维护效率
	大英山片区智能配电示范区建设	结合智慧配电平台建设进度在大英山示范区开展配电设备运行监测，运行评价、运维抢修等业务场景下的试点应用	实现大英山示范区配电设备缺陷、故障、低电压、重过载、可靠性等运行数据的可视化预警、告警；实现配网设备运行评价"数据一键获取"、"结果一键评价"；实现准确定位中压故障点，实现低压总分路、户表停电主动告警

区域	示范区	任务举措	工作内容
海南	博鳌东屿岛重要保供电场所智能化改造	建设博鳌东屿岛智能电网综合示范区	通过"博鳌东屿岛智能电网综合示范项目",完成涵盖网架改造、配网自动化建设、光纤通信网络建设、数字化展示应用等建成内容,将东屿岛内现有网架结构优化升级为"双环网"接线方式,满足岛内会议中心、论坛大酒店、新闻中心等核心区用电需求
		按"站、线、变、低压分支、户"全覆盖的原则完善博鳌东屿岛智能终端配置	参照《标准设计 V3.0》《海南电网有限责任公司电网项目智能化功能配置指导意见(2021 年版)》标准,按"站、线、变、低压分支、户"全覆盖的原则,完善博鳌东屿岛重要保供电场所智能终端的配置安装
		海南电网的省级保供电指挥中心系统博鳌东屿岛的保供电场景试点应用	基于博鳌东屿岛的保供电场景,建设海南电网的省级保供电指挥中心系统,全方位、多层次、多角度支撑保供电任务,实现"保供电现场实时掌握、保供电物资实时调配、保供电人员即时通信、保供电风险防患未然"的一站式服务目标
	崖州科技城高可靠性配电网示范区	优化能源供给结构,提升清洁能源占比	推进调节性电源规划建设,大力推进分布式光伏发电项目建设,积极谋划储能项目建设,开展区域能源结构研究,积极推动建设天然气分布式能源。分布式光伏:配合政府推进整县(市)户用和屋顶分布式光伏开发,在崖州深海科技城的工业地块,规划至 2023 年建设屋顶光伏不低于 20MW;电源侧,合分布式光伏系统,按光伏容量不低于 10% 配置,到 2025 年推动建设 3MW/6MWh 储能系统;电网侧,到 2025 年推动建设 110kV 南滨变电站红线内场地的储能系统,建设规模 20MW/40MWh;用户侧,到 2025 年推动在三甲医院等区域,建设分布式储能系统,合计约 500kW/500kWh
		建设高效灵活电网,强化数字技术与电网深度融合	自愈配网:"十四五"期间,新建 10kV 线路 19 回,自动化改造线路 8 回,到 2025 年,全面建成自愈型配电网,可转供电率、配电自动化有效覆盖率实现 100%,供电可靠性全面提升
	崖州科技城高可靠性配电网示范区	建设高效灵活电网,强化数字技术与电网深度融合	透明配电网:2023 年,示范区完成 23 台存量变压器智能改造升级;2024 年示范区完成 15 台存量变压器智能改造升级;2025 年示范区完成 9 台存量变压器智能改造升级。 5G+ 电网深度融合示范:2025 年,完成在示范区内 4 回线路"光纤通信 +5G"的通信建设方案。 数字赋能:建设云边融合的调控体系,配合政府建设三亚市虚拟电厂平台,通过虚拟电厂,选取崖州地区酒店、综合办公楼(大型楼宇)、电力储能设施、公共充电站(充电站选用充放电双向可控装置)、小区充电桩(充放电双向可控)等可控负荷,打造"5MW 虚拟资源池",实现与电网友好互动

续表

区域	示范区	任务举措	工作内容
海南	崖州科技城高可靠性配电网示范区	服务崖州高新技术产业,打造崖州科技城高可靠供电示范	不停电作业:2023年配网不停电作业次数不低于300次,自主不停电作业次数不低于70次,到2025年配网不停电作业次数不低于500次,自主不停电作业次数不低于150次。 供电可靠性:2023年,力争客户平均停电时间不超过30min,到2025年,客户平均停电时间不超过5min
		全面服务能源消费方式变革,打造能源消费低碳转型样板	电能替代:加强电能替代服务产品推广,2023年实现电能替代电量不低于0.2亿kWh,到2025年实现电能替代电量不低于0.4亿kWh。 充电桩:结合园区规划,至2023年,科技城范围内共规划建设充电桩不少于600个。至2025年,科技城范围内规划建设充电桩预期达到2500个。 现代供电服务样板:在崖州供电所新办公楼打造集合光、储、充、建筑节能、智能家居体验、用能诊断一体化展示的海岛现代供电服务示范样板间
		加快技术研发创新,探索绿色多元低碳能源供应体	产学研一体合作组建研究团队,结合《三亚市能源中长期发展规划(2019—2030年)》相关能源体系技术路线,系统分析崖洲科技城能源现状。依托"蓝碳"相关政策及海上平台用能现状,打造"蓝色"碳汇生态体系,探索研究绿色多元低碳能源供应体系实施路径、时间表、路线图,形成政策建议,为出台相关政策、优化能源发展提供参考
	海口秀英区新型城镇化配电网示范区	完善网架结构,提升供电能力	至2023年,秀英区供电可靠率不低于99.98%,客户年平均停电时间不超过1.5h,电压合格率不低于99.9%,110kV"$N-1$"通过率不低于90%,中压线路可转供电率不低于90%,可再生能源消纳率不低于95%,有效支撑区域新型城镇化发展,服务碳达峰和远期碳中和目标达成,努力打造安全、可靠、绿色、高效、智能的新型城镇配电网示范标杆
		提升装备及数字化水平	试点智能配电改造升级,进一步提升配电自动化有效覆盖,到2023年,配电自动化有效覆盖率不低于90%,智能配电台区覆盖率不低于50%
		提高新能源消纳能力	推进分布式光伏和储能建设,推进海口秀英区椰树集团第二工业城、管材型材交易市场、海口菜篮子江楠农产品批发市场等地试点光伏建筑一体化工程,共建设光伏2MWp。推动实行"光伏+储能"一体化建设
		提升新电气化水平	统筹充电基础设施与配电网融合发展,加强"十四五"配电网规划与电动汽车充电基础设施规划的有效衔接。至2025年,秀英区累计建设充电桩13090个,其中公共桩6310个
		特色乡村振兴配套建设	基于石山镇旅游业发展对电动汽车充电设施和用能增长需求,并结合石山镇"互联网+"的特色,在石山镇打造"互联网+绿色交通"、"互联网+智慧用能"的综合示范项目

区域	示范区	任务举措	工作内容
深圳	福田全区智能配电网全场景应用示范项目	加强配电自动化建设及实用化	选取 2 个馈线组（福盛站 F20 金地二线、F45 金地四线等；景田站 F07 鲁班线、玳田站 F06 业城线等）开展成建制试点，按照主站集中式自愈模式全覆盖建设 17 个配电节点
		开展电缆沟智能改造	选取 2 个馈线组（福盛站 F20 金地二线、F45 金地四线等；景田站 F07 鲁班线、玳田站 F06 业城线等）开展成建制试点，安装电缆沟在线监测装置 49 套，全覆盖 7.4 公里电缆沟。主要包括对电缆沟和电缆管廊环境、安防，电缆线路状态、电缆接头安全防爆等监测和管理
		开展配电房智能改造	选取 2 个馈线组（福盛站 F20 金地二线、F45 金地四线等；景田站 F07 鲁班线、玳田站 F06 业城线等）开展成建制试点，按照《标准设计 V3.0》全覆盖建成智能配电房 12 个
		开展低压台区智能改造	选取 2 个馈线组（福盛站 F20 金地二线、F45 金地四线等；景田站 F07 鲁班线、玳田站 F06 业城线等）开展成建制试点，安装低压回路测控终端 490 套，覆盖所有低压台区，并实现低压可靠性自动统计分析。配置电压监测仪，监测电压偏差及统计电压合格率和电压超限率等
		完成前期试点总结，推广应用到福田全区	完成 2 个馈线组成建制建设试点总结，推广应用到福田全区
		试点应用一二次融合设备	承接网公司重点科技项目研发试点应用一二次融合环网柜等设备
		智能配电应用场景功能开发，构建基于智瞰的配网一张图，探索生产组织模式优化	全面梳理主配网资源数据及其拓扑关系，并开展主配拼接融合、营配拼接融合，建立基于南网智瞰构建配电网全景"一图三态（历史态、现状态、未来态）"和各个专题图，全面支撑配网各业务场景及运营管控差异化应用。探索配网生产组织模式优化，逐步推动作业"依规性（巡视周期、检修规程等）"向"策略驱动（风险、成本、绩效）"转变，建立以智能配电为基础的新一代智能化规划运维体系
	南山深圳湾超级总部智能配电网全场景应用示范项目	加强配电自动化建设及实用化	选取 1 个馈线组（红树站 F22 深湾汇云一线、F25 红臻线及红树二站 FA 新出线）开展成建制建设，按照"光纤纵差"模式建设配网自动化
		开展电缆沟智能改造	选取 1 个馈线组（红树站 F22 深湾汇云一线、F25 红臻线及红树二站 FA 新出线）开展成建制建设，安装电缆沟在线监测装置 32 套，覆盖 2 公里电缆沟。主要包括对电缆沟和电缆管廊环境、安防，电缆线路状态、电缆接头安全防爆等监测和管理
		开展配电房智能改造	选取 1 个馈线组（红树站 F22 深湾汇云一线、F25 红臻线及红树二站 FA 新出线）开展成建制建设，按照《标准设计 V3.0》建成智能配电房 9 个

续表

区域	示范区	任务举措	工作内容
深圳	南山深圳湾超级总部智能配电网全场景应用示范项目	完成前期试点总结,推广应用到深圳湾超级总部区域	完成馈线组建设试点总结,成建制推广应用到深圳湾超级总部区域。探索配网生产组织模式优化,逐步推动作业"依规性(巡视周期、检修规程等)"向"策略驱动(风险、成本、绩效)"转变,建立以智能配电为基础的新一代智能化规划运维体系
	龙岗大运新城智能配电网全场景应用示范项目	加强配电自动化建设及实用化	选取1个馈线组(马坳站新出FA与龙翔站F49、马坳站F42、马坳站F08)开展成建制建设,按照"光纤纵差"模式建设配网自动化
		开展电缆沟智能改造	选取1个馈线组(马坳站新出FA与龙翔站F49、马坳站F42、马坳站F08)开展成建制建设,安装电缆沟在线监测装置75套,覆盖3.3公里电缆沟。主要包括对电缆沟和电缆管廊环境、安防、电缆线路状态、电缆接头安全防爆等监测和管理
		开展配电房智能改造	选取1个馈线组(马坳站新出FA与龙翔站F49、马坳站F42、马坳站F08)开展成建制建设,按照《标准设计V3.0》建成智能配电房10个
		开展低压台区智能改造	选取1个馈线组(马坳站新出FA与龙翔站F49、马坳站F42、马坳站F08)开展成建制建设,安装低压回路测控终端153套,覆盖所有低压台区,并实现低压可靠性自动统计分析。配置电压监测仪,监测电压偏差及统计电压合格率和电压超限率等
		完成馈线组建设试点总结,成建制推广应用到龙岗大运新城区域	完成馈线组建设试点总结,成建制推广应用到龙岗大运新城区域。探索配网生产组织模式优化,逐步推动作业"依规性(巡视周期、检修规程等)"向"策略驱动(风险、成本、绩效)"转变,建立以智能配电为基础的新一代智能化规划运维体系

附录 C　关键技术术语表

技术名称	释义
一、南网云相关技术	
Open Stack	Open Stack 是一个云平台管理的技术架构。它用于为私有云和公有云提供可扩展的、弹性的云计算服务，是一套能够实现在云计算管理领域开发简单、可大规模扩展、生态丰富、标准统一的技术框架
KuBernetes	KuBernetes 是一个开源的容器编排引擎。它用于支持自动化部署、大规模可伸缩和应用容器化管理
Docker	Docker 是一个高级容器引擎。它用于打包应用以及依赖包到一个可移植的容器中，并发布到 Linux 或 Windows 机器上，以实现虚拟化
VxLAN	VxLAN（全称：Virtual Extensible Local area Network），即虚拟扩展局域网。它是一种网络虚拟化技术，用于改进大型云计算在部署时的扩展问题，并解决虚拟内存系统的可移植性限制
IAAs 层	IAAs（全称：Infrastructure as a Service），即基础设施即服务。它把 IT 基础设施作为一种服务通过网络对外提供，提供了虚拟计算、存储、数据库等基础设施服务
PAAs 层	PAAs（全称：Platform as a Service），即软件即服务。它把软件和程序作为一种服务通过网络对外提供，提供了应用程序的开发和运行环境
Spring Cloud	Spring Cloud 是用于快速构建分布式系统的通用模式的工具集。它用于为开发者提供易部署和易维护的分布式系统开发工具包
Dubbo	Dubbo 是开源的高性能服务框架。它使应用可通过高性能的 RPC 实现服务的输入和输出功能，并能够实现和 Spring 框架无缝集成
Istio	Istio 是开源的微服务管理、保护和监控框架。它用于创建具有负载均衡、服务间认证、监控等功能的服务网络
二、大数据相关技术	
HTAP	HTAP（全称：Hybrid Transaction and analytical Process），即混合事务分析处理。它是一种将 OLTP（事务型）和 OLAP（分析型）模型进行融合的技术架构。既可以应用于事务型数据库场景，也可以应用于分析型数据库场景
CDC	CDC（全称：Change Data Capture），即变化数据捕获。它用于识别并抽取从上次提取之后发生变化的数据
Kafka	Kafka 是高吞吐量的分布式发布订阅消息系统。它可以实时地缓存大量数据，并在应用需要时按入队时间顺序提供数据
S3 接口	S3 是一种面向网络的存储服务。它可以支持用户随时在 Web 的任何位置，存储和检索任意大小的数据
Elink	Elink 是一个计算框架和分布式处理引擎。它用于对无界和有界数据流进行有状态计算，针对数据流的分布式计算提供了数据分布、数据通信以及容错机制等功能
Spark	Spark 是专为大规模数据处理而设计的快速通用的计算引擎。它用于支持大规模数据高性能计算、数据挖掘与机器学习等计算密集型场景

续表

技术名称	释义
MapReduce	MapReduce 是一个并行计算与运行框架。它用于大规模数据集（大于 1TB）的并行运算，能自动完成计算任务的并行化处理，自动划分计算数据和计算任务
Web service	Web service 是自描述、自包含的可用网络数据交换集成技术。它能使运行在不同机器上的不同应用进行数据交换或集成
Restfulapi	RestfulApi 是数据接口编写规范。它用于支持在不同软件 / 程序在网络中进行数据传递。具有较好的可扩展性和易操作性
三、人工智能相关技术	
Caffe	Caffe 是一个兼具表达性、速度和思维模块化的深度学习框架。它适用于在视觉、语音和多媒体领域等众多应用场景
Tensor Flow	Tensor Flow 是一个面向数据流的深度学习框架。它作为一个用于处理复杂数学问题的工具包，其被广泛应用于数字和神经网络的问题以及其他领域
PyTorch	PyTorch 是一个开源的 Pyhon 深度学习框架。它能够实现 GPU 加速计算，支持动态神经网络模型，常用于自然语言处理等应用场景
KNN	KNN（全称：k -Nearest Neighbor）算法，即 K 邻近算法。它是数据挖掘中常用的一种分类技术
SVM	SVM（全称：Support Vector Machine），即支持向量机。它是一类按监督学习方式对数据进行二元分类的广义线性分类器。
四、电网数字化相关技术	
ER 建模	E-R（全称：Entity Relationship）建模，即实体 - 联系建模。它提供不受任何数据库管理系统约束的面向用户的表达方法，是一种在数据库设计中被广泛用作数据建模的方法
PLM	PLM（全称：Product Lifecycle Management），即产品生命周期管理。它为产品全生命周期信息的创建、管理、分发和应用提供一系列支持
DDD	DDD（全称：Domain-Driven Design），即领域驱动设计。它对软件所涉及的领域进行建模，统一了分析和设计编程，使得软件能够更灵活快速跟随需求变化，用于应对系统规模过大时引起的软件复杂性的问题
WeBGL	WeBGL（全称：Web Graphics library），即万维网图形库。它是一种 3 D 绘图协议，支持 3 D 场景和模型展示，并支持创建复杂的导航和数据可视化场景
UE4	UE4（全称：Unreal Engine 4），即虚幻引擎 4。是一套完整的画面创造引擎，可用于构建 3 D 模拟场景及可视化内容，具有强大的实时渲染能力
五、物联网相关技术	
5G	5G（全称：5th generation moblie networks），即第五代移动通信技术。其性能目标是高数据速率、减少延迟、节省能源、降低成本、提高系统容量和大规模设备连接
WAPI	WAPI（全称：Wireless LAN Authenticational and Privacy Infrastructure），即无线局域网鉴别和保密基础结构。是我国首个在计算机宽带无线网络通信领域自主创新并拥有知识产权的安全接入技术标准

附录 D　智能配电 V3.0 标准技术体系汇编

序号	文件名称	发文单位
智能配电标准设计类		
1	中国南方电网公司标准设计与典型造价 V 3.0（智能配电）	南方电网基建〔2019〕42 号
2	中国南方电网公司标准设计与典型造价 V 3.0（智能配电第四至七卷）	南方电网基建〔2021〕20 号
3	南方电网标准设计与典型造价 V 3.0（智能配电第一至七卷）适应性修正	办基建〔2022〕6 号
4	南方电网公司全面推进标准设计与典型造价 V 3.0 智能配电项目加快建设现代化配网实施方案	南方电网基建〔2021〕36 号
5	智能配电项目智能化设备质量验收记录表（2021 年试用版）	办基建〔2021〕22 号
6	关于做好新型城镇化配电网示范区和现代化农村电网示范县规划建设的通知	办规划〔2021〕79 号
7	南方电网标准设计与典型造价 V 3.0 智能配电项目安装调试及系统应用操作工作指引	办基建〔2022〕1 号
8	智能配电营配融合试点设计方案及营配融合试点项目建设计划	办基建〔2021〕26 号
9	智能配电项目安装施工作业指导书（2021 年试用版）	办基建〔2021〕22 号
10	2021 年南方电网 V 3.0 配电智能网关及系列传感器现场接线指导手册	/
11	智能配网作业指导书及验评（2020 版）	/
数字化转型政策文件类		
1	南方电网"十四五"电网发展规划	中国南方电网有限责任公司
2	南方电网公司建设新型电力系统行动方案（2021-2030 年）白皮书发布稿	中国南方电网有限责任公司
3	数字电网实践白皮书	中国南方电网有限责任公司
4	数字电网推动构建以新能源为主体的新型电力系统白皮书	中国南方电网有限责任公司
5	公司数字化转型和数字南网建设行动方案（2019 年版）	南方电网信息〔2019〕4 号
6	公司数字化转型和数字南网建设行动方案（2020 年版）	南方电网数字〔2020〕8 号
7	公司数字化转型和数字南网建设计划	南方电网信息〔2019〕1 号
8	南方电网公司全域物联网应用提升方案（2022 年版）	南方电网生技〔2022〕25 号
9	生产数字化示范建设 2021 年重点工作任务	办生技〔2021〕36 号
10	《南方电网"十四五"配电网（含农村电网）规划成果汇编》	南方电网规划〔2022〕4 号文
11	关于推进配网架空线路无人机自主巡检工作的通知	办生技〔2021〕42 号

序号	文件名称	发文单位
12	数字配电网建设行动计划（2021 年版）	/
13	推进数字电网统一物联标准化工作方案	南方电网生技〔2022〕25 号
14	南方电网公司生产运行支持系统建设工作方案（2022 年版）	南方电网生技〔2022〕26 号
15	南方电网公司数字化转型生产域行动计划（2020 年版）	南方电网生技〔2020〕31 号
16	南方电网公司数字配电建设实施工作计划（2020 年版）	南方电网生技〔2020〕31 号
17	南方电网公司数字化转型和数字电网建设促进管理及业务变革行动方案（2020 年版）	南方电网数字〔2020〕15 号
18	进一步加强生产指挥中心建设的指导意见	南方电网生技〔2022〕3 号
19	南方电网公司统一数字电网模型建模规范（试行）	办数字〔2019〕28 号
20	人工智能训练设施示范工程项目申报工作方案	南方电网数字〔2022〕9 号
21	南方电网公司面向"十四五"电网高质量发展的生产组织模式优化专项行动方案发文	南方电网公司
技术规范类		
1	低压智能配电板标准件技术规范书	办基建〔2020〕1 号
2	预制装配式农村智能低压配电房标准件技术规范书	办基建〔2020〕1 号
3	配电物联安全加密模块技术规范书	办生技〔2022〕6 号
4	配电物联电气传感终端技术规范书	办生技〔2022〕6 号
5	配电物联低压智能开关技术规范书	办生技〔2022〕6 号
6	气体传感器技术规范书	办生技〔2022〕6 号
7	烟雾监测传感器技术规范书	办生技〔2022〕6 号
8	配电物联无线信号远传模块技术规范书	办生技〔2022〕6 号
9	配电物联电缆线路监测终端技术规范书	办生技〔2022〕6 号
10	配电自动化站所终端技术规范书	办生技〔2022〕49 号
11	配电架空线路故障指示器技术规范书	办生技〔2022〕49 号
12	配电智能网关技术规范书	办生技〔2022〕49 号
13	配网光纤复合中压电缆及附件（OPMC）技术规范书	办生技〔2022〕6 号
14	配网光纤复合架空导线（IOPPC）技术规范书	办生技〔2022〕6 号
15	配网光纤复合架空避雷线（OPGW）技术规范书	办生技〔2022〕6 号
16	低压回路测控终端（卡扣无线 CT）技术规范书	办生技〔2020〕6 号

序号	文件名称	发文单位
17	低压回路测控终端（导轨式）技术规范书	办生技〔2020〕6号
18	低压回路测控终端（嵌入式）技术规范书	办生技〔2020〕6号
19	低压智能塑壳断路器技术规范书	办生技〔2020〕6号
20	噪音传感器技术规范书	办生技〔2020〕6号
21	干式变压器状态量监测装置技术规范书	办生技〔2020〕6号
22	智能视频云节点技术规范书	办生技〔2020〕6号
23	气体传感器技术规范书	办生技〔2020〕6号
24	水浸传感器技术规范书	办生技〔2020〕6号
25	油浸变压器状态监测装置技术规范书	办生技〔2020〕6号
26	温湿度传感器技术规范书	办生技〔2020〕6号
27	烟雾监测传感器技术规范书	办生技〔2020〕6号
28	电缆头温度监测装置技术规范书	办生技〔2020〕6号
29	空间特高频局放传感器技术规范书	办生技〔2020〕6号
30	红外高清枪机技术规范书	办生技〔2020〕6号
31	红外高清球机技术规范书	办生技〔2020〕6号
32	视频云节点技术规范书	办生技〔2020〕6号
33	调温除湿设备技术规范书	办生技〔2020〕6号
34	配电变压器红外热成像监测装置技术规范书	办生技〔2020〕6号
35	配电中压开关柜局放传感器技术规范书	办生技〔2020〕6号
36	配电局放采集装置技术规范书	办生技〔2020〕6号
37	门状态传感器技术规范书	办生技〔2020〕6号
38	Q_CSG1201036-2022_配网10kV架空线路OPGW设计规范	中国南方电网有限责任公司
39	Q_CSG1204121-2022_配网10kV架空线路OPGW建设规范	中国南方电网有限责任公司
40	Q_CSG1204122-2022_配网10KV架空线路OPGW技术规范	中国南方电网有限责任公司
41	Q_CSG1205033-2020_配电智能网关技术规范（试行）	中国南方电网有限责任公司
42	10kV油浸式配电变压器技术规范书	办生技〔2021〕34号
43	10kV常压密封空气缘环网柜技术规范书	办生技〔2020〕43号
44	集成芯片化DTU的智能环网柜技术规范书	办生技〔2020〕43号

续表

序号	文件名称	发文单位
45	低压开关柜技术规范书	办生技〔2020〕43号
46	低压无功补偿箱技术规范书	办生技〔2020〕43号
47	变压器配电箱技术规范书	办生技〔2020〕43号
48	10kV 全绝缘台架标准件技术规范书	办生技〔2020〕43号
49	10kV 干式配电变压器技术规范书	办生技〔2021〕34号
50	10kV 高过载能力油浸式配电变压器技术规范书	办生技〔2021〕34号
51	10kV 天然酯绝缘油配电变压器技术规范	办生技〔2021〕34号
52	10kV 组合式变压器技术规范书	办生技〔2020〕43号

参考文献

［1］陈允鹏，黄晓莉，杜忠明，等．能源转型与智能电网［M］．北京：中国电力出版社，2017.

［2］马钊，张恒旭，赵浩然，王梦雪，孙媛媛，孙凯祺．双碳目标下配用电系统的新使命和新挑战［J/OL］．中国电机工程学报：1-16［2022-09-14］．

［3］Raju Chintakindi, Sri. P. Srinath Rajesh. Vital Role of FBG Sensors— 2012 Developments in Electrical Power Systems［C］. 2013 International Conference on Power, Energy and Control（ICPEC）, 2013, 3（10）: 478-483.

［4］赵大伟，洪晓斌，黄国建，等．基于 Web 的输电线路监测平台设计［J］．计算机测量与控制，2010，18（4）：801-803.

［5］谭敏，曾军，董享琦．NB-IoT 技术特点及商用部署研究［J］．电信工程技术与标准化，2018，31（04）：87-89.

［6］郑宁，杨曦，吴双力．低功耗广域网络技术综述［J］．研究与开发，2017：47-53.

［7］戴国华，余骏华．NB-IoT 的产生背景、标准发展以及特性和业务研究［J］．移动通信，2016，40（7）：31-36.

［8］戴博，袁弋菲，余媛芳．窄带物联网（NB-IoT）标准与关键技术［M］．北京：人民邮电出版社，2017.05.

［9］赵静，苏光添．LoRa 无线网络技术分析［J］．移动通信，2016，40（21）：50-57.

［10］王永斌，张忠平．低功耗、大连接广域物联网接入技术及部署策略［J］．信息通信技术，2017，11（01）：27-32+54.

［11］刘琛，邵震，夏莹莹．低功耗广域 LoRa 技术分析与应用建议［J］．电信技术，

2016（05）：43-46+50.

［12］王鹏，刘志杰，郑欣．LoRa 无线网络技术与应用现状研究［J］．信息通信技术，2017，11（05）：65-70.

［13］朱剑驰，杨蓓，陈鹏，佘小明，毕奇．物联网无线接入技术研究［J］．物联网学报，2018，2（02）：73-84.

［14］李露．物联网 LPWAN 商用前景［J］．科技创业月刊，2017，30（17）：11-13.

［15］田敬波．LPWAN 物联网技术发展研究［J］．通信技术，2017，50（08）：1747-1751.

［16］潘旭辉，陈成，王泽睿，杨成，杨长锐．基于 SCADA 技术的低压配网控制系统研［J/OL］．电力系统保护与控制：1-6［2019-12-07］.

［17］黄昕颖．高级量测体系在智能电网中的应用［J］．电气时代，2011（07）：58-62.

［18］谢延冰．智能配电网与配电自动化研究［J］．黑龙江科学，2016，7（21）：54-55.

［19］冯杰．基于图论的智能配电网故障自愈技术的研究［D］．浙江工业大学，2015.

［20］刘健，倪建立，杜宇．配电网故障区段判断和隔离的统一矩阵算法［J］．电力系统自动化，1999，23（1）：31-33.

［21］王成山，李鹏．分布式发电、微网与智能配电网的发展与挑战［J］．电力系统自动化，2010，34（02）：10-14+23.

［22］Blaabjerg F，Teodorescu R，Liserre M，et al. Overview of control and grid synchronization for distributed power generation systems［J］．IEEE Transactions on Industrial Electronics，2006，53（5）：1398-1409.

［23］王锐，顾伟，吴志．含可再生能源的热电联供型微网经济运行优化［J］．电力系统自动化，2011，35（8）：22-27.

［24］Khajesalehi J，Hamzeh M，Sheshyekani K，et al. Modeling and control of quasi Z-source inverters for parallel operation of battery energy storage systems：Application to microgrids - ScienceDirect［J］．Electric Power Systems Research，2015，125：164-173.

[25] Wang W, Duan J, Zhang R, et al. Optimal State-of-charge Balancing Control for Paralleled Battery Energy Storage Devices in Islanded Microgrid [J] . Transactions of China Electrotechnical Society, 2015.

[26] Xin-Pei L I, Chen Q, Rui L I, et al. A Digital Phase-shift Realization of Dual-active-bridge Used for Large Capacity Cascaded Energy Storage System. Power Electronics, 2015.

[27] Jin Y, Qiang S, Liu W, et al. Cascaded battery energy storage system based on dual active bridges and a common DC bus [C] // IPEC, 2010 Conference Proceedings. IEEE, 2011.

[28] He J, Li Y W, Wang C, et al. A Hybrid Microgrid with Parallel and Series Connected Micro-Converters [J] . IEEE Transactions on Power Electronics, 2017: 1-1.

[29] Olivares D E, Mehrizi-Sani A, Etemadi A H, et al. Trends in microgrid control [J] . IEEE Transactions on smart grid, 2014, 5 (4): 1905-1919.

[30] Ashabani S M, Mohamed Y A I. New family of microgrid control and management strategies in smart distribution grids—analysis, comparison and testing [J] . IEEE Transactions on Power Systems, 2014, 29 (5): 2257-2269.

[31] Xin H, Zhang L, Wang Z, et al. Control of island AC microgrids using a fully distributed approach [J] . IEEE Transactions on Smart Grid, 2014, 6 (2): 943-945.

[32] Han Y, Li H, Shen P, et al. Review of active and reactive power sharing strategies in hierarchical controlled microgrids [J] . IEEE Transactions on Power Electronics, 2016, 32 (3): 2427-2451.

[33] Wang P, Jin C, Zhu D, et al. Distributed control for autonomous operation of a three-port AC/DC/DS hybrid microgrid [J] . IEEE Transactions on Industrial Electronics, 2014, 62 (2): 1279-1290.

[34] Rokrok E, Golshan M E H. Adaptive voltage droop scheme for voltage source converters in an islanded multi-bus microgrid [J] . IET generation, transmission & distribution, 2010, 4 (5): 562-578.

［35］He J，Li Y W. An enhanced microgrid load demand sharing strategy［J］. IEEE Transactions on Power Electronics，2012，27（9）：3984-3995.

［36］Lee C T，Chu C C，Cheng P T. A new droop control method for the autonomous operation of distributed energy resource interface converters［J］. IEEE Transactions on Power Electronics，2012，28（4）：1980-1993.

［37］刘国伟，赵宇明，袁志昌，等．深圳柔性直流配电示范工程技术方案研究［J］. 南方电网技术，2016，10（4）：1-7.

［38］杜翼，江道灼，尹瑞，等．直流配电网拓扑结构及控制策略［J］. 电力自动化设备，2015，35（1）：139-145.

［39］胡竞竞，徐习东，裘鹏，等．直流配电系统保护技术研究综述［J］. 电网技术，2014，38（4）：844-851.

［40］Ji Y，Yuan Z，Zhao J，et al. Overall control scheme for VSC-based medium-voltage DC power distribution networks. IET Generation，Transmission & Distribution，2018，12（6）：1438-1445.

［41］赵彪，宋强，刘文华，等．用于柔性直流配电的高频链直流固态变压器［J］. 中国电机工程学报，2014，34（25）：4295-4303.

［42］Zhao B，Song Q，Li J，et al. Full-process operation，control，and experiments of modular high-frequency-link DC transformer based on dual active bridge for flexible MVDC distribution：a practical tutorial，IEEE Trans. Power Electron，2017，32（9）：6751-6766.

［43］Zhao B，Song Q，Li J，et al. Modular multilevel high-frequency-link DC transformer based on dual active phase-shift principle for medium-voltage DC power distribution application，IEEE Trans. Power Electron，2016，32（3）：1779-1791.

［44］王成山，李鹏，于浩．智能配电网的新形态及其灵活性特征分析与应用［J］. 电力系统自动化，2018，42（10）：13-21.

［45］黄晓莉，李振杰，张韬，古含，陈国栋，宗志刚，段炜．新形势下能源发展需求与智能电网建设［J］. 中国电力，2017，50（09）：25-30.

［46］高翔．智能配电网自愈控制的理论与技术研究［D］. 华北电力大学（北京），

2011.

[47] 王兴隆.基于巨磁效应的光伏系统汇流检测技术研究 [D].昆明理工大学,2017.

[48] 陈天英.基于光纤传感技术输电线路在线监测的研究 [D].华北电力大学,2015.

[49] 高如超.智能配电网通信技术分析与应用 [J].科技创新与应用,2018 (14):135-136.

[50] 曹翔,张阳,宋林川,胡绍谦,汤震宇,张春合.基于深度报文检测和安全增强的正向隔离装置设计及实现 [J].电力系统自动化,2019,43 (02):162-167.

[51] 张晓达.面向大数据分析系统的资源调度研究 [D].南京大学,2019.

[52] 陈菲.基于集中式配电自动化终端的故障自愈技术综合应用 [D].广西大学,2019.DOI:10.27034/d.cnki.ggxiu.2019.000315.

[53] 段惠.含分布式电源的智能配电网自愈技术研究 [D].华北电力大学 (北京),2020.DOI:10.27140/d.cnki.ghbbu.2020.001612.

[54] 陈娟.含分布式电源的智能配电网故障自愈方法研究 [D].天津大学,2018.DOI:10.27356/d.cnki.gtjdu.2018.002092.

[55] 吴彦霖.配电网故障波形反演及终端闭环检测技术研究 [D].昆明理工大学,2016.

[56] 秦红霞,王成山,刘树,刘云.智能微网与柔性配网相关技术探讨 [J].电力系统保护与控制,2016,44 (20):17-23.

[57] 贺兴,艾芊,朱天怡,邱才明,张东霞.数字孪生在电力系统应用中的机遇和挑战 [J].电网技术,2020,44 (06):2009-2019.DOI:10.13335/j.1000-3673.pst.2019.1983.

[58] 谢龙裕.基于 MMC 的柔性直流输电系统研究 [D].湖南大学,2015.

[59] 季一润.中压柔性直流配电网关键控制技术研究 [D].东南大学,2019.DOI:10.27014/d.cnki.gdnau.2019.001604.

[60] 曾嵘,赵宇明,赵彪,钟庆,童亦斌,袁志昌,余占清,赵志刚,李岩,陈建福.直流配用电关键技术研究与应用展望 [J].中国电机工程学报,2018,38 (23):6791-6801+7114.DOI:10.13334/j.0258-8013.pcsee.181411.